3

Band 20 · März 1984

isotopenpraxis

AKADEMIE-VERLAG

ISSN 0021—1915 Isotopenpraxis, Berlin 20 (1984) 3, 81—116

EVP 9,— M

An unsere Autoren

Die Zeitschrift veröffentlicht Beiträge zu folgenden Themen: Kontrolle und Analyse radioaktiver und stabiler Isotope, Anwendung radioaktiver und stabiler Isotope in allen Gebieten der Forschung und Technik, der Industrie, Landwirtschaft und Medizin, Herstellung radioaktiver und stabiler Isotope sowie von markierten Verbindungen, kernelektronische Geräte für die Isotopenanwendung (Dickenmesser, Dichtemesser u. ä.) Detektoren für isotopentechnische Arbeiten und den Strahlenschutz in Isotopenlaboratorien, Meßtechnik und Strahlenschutz, Dosimetrie in Isotopenlaboratorien, kerntechnische Geräte für die Isotopenanwendung (Beton, Bestrahlungsanlagen u. ä.), Strahlenchemie, Radiochemie, ökonomische und perspektivische Fragen, Fragen der Weiterbildung.

1. Aufnahme von Manuskripten

Zur Veröffentlichung angenommen werden nur druckreife, noch nicht anderweitig publizierte Beiträge in deutscher, englischer oder russischer Sprache zum Themenbereich der Zeitschrift und zwar

- Originalarbeiten
- Kurze Mitteilungen
- Aus der Praxis
- Zusammenfassende Berichte
- Tagungsberichte
- Informationen.

Sind der Beitrag oder Teile daraus bereits veröffentlicht oder ist eine anderweitige Veröffentlichung vorgesehen, so muß dies der Redaktion mit genauer Angabe der Zweitveröffentlichung mitgeteilt werden. Mit der Annahme des Manuskriptes behält sich der Verlag das Recht der Vervielfältigung, Verbreitung und Übersetzung innerhalb der gesetzlichen Schutzfrist vor. Auszugsweiser Nachdruck oder photomechanische u. a. Wiedergabe sind an eine schriftliche Genehmigung des Verlages gebunden. Manuskripte, Zeichnungen und Photos von veröffentlichten Arbeiten werden nur auf den besonderen und bis zum Zeitpunkt der Veröffentlichung mitgeteilten Wunsch des Autors zurückgesandt.

Bei der unverlangten Einreichung von Manuskripten wird empfohlen, eine Befürwortung eines der Herausgeber oder Redaktionsausschußmitglieder beizufügen.

Manuskripte sind einzureichen bei der Redaktion, 1086 Berlin, Leipziger Str. 3–4.

2. Form der Manuskripte

Die Autoren werden gebeten:

2 Manuskripte, eines davon in Original-Maschinenschrift, einseitig und mit 2zeiligem Abstand einzureichen; gut leserliche Photokopien sind zulässig; auf dem 1. Blatt (unter Weglassung der Bezeichnung)

- den Titel der Arbeit
- Vorname-Initialen und Namen sämtlicher Autoren
- gegebenenfalls die Institution, in der sie tätig sind
- eine kurze Zusammenfassung der Arbeit von höchstens 15 Zeilen
- Keywords in alphabetischer Reihenfolge und
- als Fußnote die Anschrift der Institution anzugeben;

wenn möglich, auf gesonderten Blättern Namen, Titel der Arbeit und Zusammenfassung in den beiden anderen obengenannten Sprachen 2fach beizufügen;

Literaturhinweise (fortlaufend numeriert), Fußnoten, Tabellen, Abbildungen (in 2–3facher Veröffentlichungsgröße), Abbildungsunterschriften (getrennt von den Abbildungen mit Zeichenerklärungen, Quellenangaben, falls erforderlich, und gegebenenfalls mit einem Vermerk für besondere Wünsche bezüglich der Abbildungsgröße), private und Dienstanschrift der Verfasser mit akademischen Titeln und ausgeschriebenen Vornamen auf besonderen Blättern ans Ende des Manuskriptes zu stellen;

Wünsche für den Kolumnentitel (Seitenüberschrift) bekanntzugeben;

Absätze durch Einzüge von mindestens 3 Anschlägen kenntlich zu machen;

die Maßeinheiten des SI-Systems („Systeme International") zu verwenden;

Korrekturen im Manuskript unmittelbar an der zu korrigierenden Stelle anzubringen;

Formeln deutlich lesbar und möglichst groß einzutragen;

Farbabbildungen und nachträgliche Änderungen oder Ergänzungen in Abbildungen zu vermeiden;

hervorzuhebende Textstellen zu unterstreichen, und zwar halbfetten Satz mit einer geraden schwarzen Linie, kursiven Satz (Schrägschrift) mit einer blauen Wellenlinie (alle Eigennamen). Sperrungen gestrichelt;

besondere Buchstaben durch farbige Unterstreichung zu kennzeichnen, und zwar Formelzeichen in

- Griechisch-Kursiv (α, β, ...) rot,
- Kursiv (A, B, ...) blau
- halbfetter Kursiv ($\boldsymbol{A}$, $\boldsymbol{B}$, ...) 2 Linien blau (Vektoren),
- halbfetter Grotesk ($\mathbf{A}$, $\mathbf{B}$, ...) 2 Linien violett (Tensoren);

bei Literaturangaben auf Vollständigkeit zu achten. In nachstehender Reihenfolge müssen angegeben sein:

a) bei *Zeitschriften*: Vorname-Initialen und Namen sämtlicher Autoren, Titel der Zeitschrift (nach „Periodica Chimica" oder möglichst wenig gekürzt), Bandnummer (unterstrichen), Jahreszahl (in Klammern), Heftnummer (nur bei Zeitschriften, die jedes Heft mit S. 1 beginnen) sowie die Seitenzahl, auf der die zitierte Arbeit beginnt.

b) Bei *Büchern*: Initialen der Vornamen und Name des Autors (Herausgeber werden durch den Zusatz „ed." gekennzeichnet), voll ausgeschriebener Titel des Buches in der Originalsprache, evtl. Bandnummer, voll ausgeschriebener Name des Verlages, Nummer der Auflage (außer der ersten), Erscheinungsort(e), Erscheinungsjahr (hier nicht in Klammern setzen!) und evtl. Kapitelnummer, Seitenzahl u. ä.

c) bei *Sammelbänden, Tagungsberichten*: Es soll zusätzlich der Titel des zitierten Beitrags angegeben werden. Die Seitenzahl muß unbedingt angegeben werden. Aus dem Zitat muß hervorgehen, ob es sich um einen Tagungssammelband oder um einen noch nicht veröffentlichten Vortrag handelt. Zwischen Tagungsort und Erscheinungsort des entsprechenden Tagungsberichts ist zu unterscheiden.

3. Korrekturen

Der Autor erhält zwei Umbruchabzüge, von denen einer möglichst schnell korrigiert an die Redaktion zurückgereicht werden soll. Auf Wunsch des Autors kann die Korrektur auch von der Redaktion gelesen werden.

Durch nachträgliche Manuskriptänderungen verursachte Korrekturkosten gehen, sofern sie 10% der Satzkosten übersteigen, zu Lasten des Autors.

Der Autor erhält 50 Sonderdrucke kostenlos. Weitere Sonderdrucke können bis zur Rückgabe der Korrekturabzüge auf Kosten des Autors bei der Redaktion bestellt werden.

Bezugsmöglichkeiten

Bestellungen sind zu richten

- **in der DDR** an den Postzeitungsvertrieb unter Angabe der Kundennummer des Bestellenden oder an den AKADEMIE-VERLAG, DDR-1086 Berlin, Leipziger Straße 3–4, PF-Nr 1233;
- **im sozialistischen Ausland** an eine Buchhandlung für fremdsprachige Literatur oder an den zuständigen Postzeitungsvertrieb;
- **in der BRD und Berlin(West)** an eine Buchhandlung oder an die Auslieferungsstelle KUNST UND WISSEN, Erich Bieber OHG, Wilhelmstraße 4–6, D-7000 Stuttgart 1;
- **in den übrigen westeuropäischen Ländern** an eine Buchhandlung oder an die Auslieferungsstelle KUNST UND WISSEN, Erich Bieber GmbH, Dufourstraße 51, CH-8008 Zürich;
- **im übrigen Ausland** an den Internationalen Buch- und Zeitschriftenhandel; den Buchexport, Volkseigener Außenhandelsbetrieb der Deutschen Demokratischen Republik, DDR-7010 Leipzig, Postfach 160; oder an den AKADEMIE-VERLAG, DDR-1086 Berlin, Leipziger Straße 3–4.

Zeitschrift „Isotopenpraxis"

Herausgeber: Im Auftrag des Akademie-Verlages herausgegeben von Prof. Dr. Justus Mühlenpfordt
Verlag: Akademie-Verlag, DDR-1086 Berlin, Leipziger Straße 3–4, PF-Nr. 1233; Fernruf: 2236221 oder 2236229; Telex-Nr.: 114420;
Bank: Staatsbank der DDR, Berlin, Kto.-Nr.: 6836-26-20712
Verantwortlich für den Inhalt des Heftes: Prof. Dr. H. Hübner, Leipzig
Anschrift der Redaktion (Fernruf Frau H. Schier: 6351177) der Zeitschrift Isotopenpraxis: Akademie-Verlag, DDR-1086 Berlin, Leipziger Str. 3–4, PF-Nr. 1233
Veröffentlicht unter der Lizenznummer 1527 des Presseamtes beim Vorsitzenden des Ministerrates der Deutschen Demokratischen Republik
Gesamtherstellung: VEB Druckerei „Thomas Müntzer", DDR-5820 Bad Langensalza
Erscheinungsweise: Die Zeitschrift „Isotopenpraxis" erscheint monatlich. Die 12 Hefte eines Jahrganges bilden einen Band. Bezugspreis je Band 216,— M zuzüglich Versandspesen (Preis für die DDR 108,— M). Preis je Heft 18,— (Preis für die DDR 9,— M)
Bestellnummer dieses Heftes: 1079/20/3

AN (EDV) 12831

Isotopenpraxis 20 (1984) 3, S. 81–87

Über die Anwendung von Tracermethoden zur Untersuchung von Biosynthesewegen sowie Stoffwechsel von Wirkstoffen in Pflanzen*)

H. R. Schütte

(Institut für Biochemie der Pflanzen der Akademie der Wissenschaften der DDR, Halle/Saale)[1])

Herrn Prof. Dr. *W. Scheler*, Präsident der Akademie der Wissenschaften der DDR, anläßlich der 60. Wiederkehr seines Geburtstages gewidmet

Ausgehend von den allgemeinen Bedingungen zur Untersuchung von Reaktionsabläufen in Pflanzen mit Hilfe der Tracertechnik werden an einigen Beispielen Probleme und Möglichkeiten dieser Methode diskutiert, wobei vor allem auf Doppelmarkierungen sowie Bestimmung der Radioaktivitätsverteilung in den entsprechenden Endprodukten Bezug genommen wird. Für die Metabolismusuntersuchungen werden einige Beispiele aus dem Gebiet der Herbizide und pflanzlichen Wachstumsregulatoren beschrieben.

Procedings from the general terms of the investigation of reaction sequences in plants by means of tracer techniques, problems and possibilities of this method are discussed on some examples, referring above all to double labelling techniques and to the determination of the distribution of radioactivity in final products. For the investigation of metabolism, some examples from the fields of herbicides and of plant growth regulators are described.

Keywords

biosynthesis; carbon 14; labelled compounds; metabolism; nitrogen 15; oxygen 18; reviews; tracer techniques; tritium

1. Einleitung

Die Anwendung von Isotopen in der organischen Chemie und Biochemie kann man grob in zwei große Gruppen einteilen, einerseits in die Anwendung in der Analyse und zum anderen zur Untersuchung von Reaktionsabläufen [1–4]. Ich möchte mich in meinen Ausführungen auf letztere beschränken. Wenn auch die Grenze zwischen beiden Gebieten sehr fließend ist, so wird man die Anwendung in der Enzymologie sicher zu den analytischen Verfahren rechnen, obwohl meist dabei auch ein Reaktionsablauf, d. h. eine Umsetzung vor sich geht. Die Anwendung zur Untersuchung von Reaktionsabläufen, das sogenannte Tracer- oder Indikatorverfahren, ist im Jahre 1913 von *Paneth* und *v. Hevesy* am Wiener Radiuminstitut entwickelt worden [5].

Damals waren allerdings nur wenige Isotope und vor allem nur wenige radioaktive Isotope für derartige Untersuchungen zugänglich. Aus diesem Grunde sollen einige Highlights auch zur Entwicklung der Kernphysik erwähnt werden, die zu dem heutigen Stand führten, bei dem von nahezu allen Elementen entsprechende Isotope zugänglich sind. So sei die Entdeckung der künstlichen Radioaktivität durch *Curie* und *Joliot* erwähnt [6], wodurch z.B. radioaktiver Phosphor zugängich war. Weiterhin sei besonders *Fermi* genannt, der als erster die elektrisch neutralen Neutronen als Mittel zur Kernumwandlung herangezogen hat [7]. Die Entdeckung der Uranspaltung durch *Hahn* und *Straßmann* [8, 9] hat hohe Neutronenflüsse zugänglich gemacht, die für derartige Umwandlungen notwendig sind. Auf diese Weise konnten u. a. radioaktiver Kohlenstoff (^{14}C) [10] und Wasserstoff (Tritium) [11] erhalten werden.

In Tab. 1 sind die wichtigsten Isotope für die Biochemie hinsichtlich Halbwertszeit und Strahlungsenergie zusammengefaßt. Es ist ersichtlich, daß für Wasserstoff und Kohlenstoff sowohl stabile als auch radioaktive Isotope zur Verfügung stehen. Für den Kohlenstoff gibt es zusätzlich das kurzlebige Beschleunigerisotop Kohlenstoff 11, das trotz seiner kurzen Halbwertszeit für bestimmte Zwecke in der Medizin aber auch in der Biologie zunehmende Bedeutung erlangt. Für Stickstoff und Sauerstoff stehen keine radioaktiven Isotope mit brauchbarer Halbwertszeit zur Verfügung, so daß bei diesen Elementen auf die stabilen Isotope zurückgegriffen werden muß. Die Iodisotope, vor allem Iod-125, gewinnen wegen der zunehmenden Anwendung bei Radio-Immuno-Assays (RIA) immer größere Bedeutung.

2. Prinzipien der Biosyntheseforschung

Die Prinzipien der Anwendung von Isotopen für die Untersuchung von Stoffwechselreaktionen und ganz allgemein chemischen Reaktionen wurden bereits in den 40er Jahren mit stabilen Isotopen erarbeitet, z.B. im Rahmen der frühen Versuche zur Biosynthese der Steroide [12, 13]. Als erstes, man kann sagen Aufsehen erregendes Beispiel für die Anwendung von radioaktiv markiertem Kohlenstoff sei die Aufklärung des Weges der Kohlendioxidfixierung während der Photosynthese erwähnt [14], bei der CO_2 bekanntermaßen an Ribulosediphosphat unter Bildung von 2 Molekülen Phosphoglycerinsäure angelagert wird, die dann mit Hilfe der während der Lichtreaktion entstandenen

*) Vortrag gehalten auf der Tagung „Nukleare Analysenverfahren" der Chemischen Gesellschaft der DDR am 12. 4. 1983 in Dresden sowie vor einem IAEA-Trainingskurs am Institut für Biochemie der Pflanzen der AdW der DDR am 30. 5. 1983

[1]) Anschrift: DDR-4020 Halle/Saale, Weinberg 3

Tab. 1. Wichtige Isotope für die Biochemie

Element	Stabiles Isotop	Radioaktives Isotop	Halbwertszeit	Strahlung
Wasserstoff	$^{2}H=D$	—	—	—
Wasserstoff	—	$^{3}H=T$	10,46 a	β, sehr schwach
Kohlenstoff	—	^{11}C	20 min	β
Kohlenstoff	^{13}C	—	—	—
Kohlenstoff	—	^{14}C	5730 a	β, schwach
Stickstoff	^{15}N	—	—	—
Sauerstoff	^{18}O	—	—	—
Phosphor	—	^{32}P	14,28 d	β
Phosphor	—	^{33}P	25,5 d	β, sehr schwach
Schwefel	—	^{35}S	87,1 d	β, schwach
Chlor	—	^{36}Cl	$3 \cdot 10^{5}$ a	β
Brom	—	^{82}Br	35,5 h	β
Iod	—	^{123}I	13,3 h	γ, schwach
Iod	—	^{125}I	60,2 d	γ, schwach
Iod	—	^{131}I	8,05 d	β

Energie- und Reduktionsäquivalente zu Phosphoglycerinaldehyd reduziert wird. Dieser kann über eine Reihe von Dismutationsreaktionen in andere Zucker umgewandelt werden. Diese Ergebnisse sind durch Inkubation grüner Blätter mit radioaktiv markiertem Kohlendioxid bei immer kürzeren Zeiten untersucht worden, wobei während sehr kurzer Zeiten lediglich Phosphoglycerinsäure nachweisbar war.

In Tab. 2 sind die Bedingungen zusammengefaßt, die für den Ablauf von Biosyntheseexperimenten von Bedeutung sind.

Tab. 2. Bedingungen für Biosyntheseforschungen

1. Günstiger Precursor
2. Günstige Markierung
3. Radiochemische Reinheit
4. Applikation
5. Biosynthese muß tatsächlich stattfinden
5. Isolierung
7. Reinigung bis zur konstanten spezifischen Radioaktivität
8. Bestimmung der spezifischen Einbaurate
9. Untersuchung der Radioaktivitätsverteilung

Zur Untersuchung von Reaktionsabläufen müssen selbstverständlich die entsprechenden Verbindungen in markierter Form zur Verfügung stehen. Diese sind teilweise käuflich erhältlich bzw. müssen in Eigensynthese hergestellt werden. Dazu unterscheidet man prinzipiell drei verschiedene Möglichkeiten:

1. präparative Methoden,
2. biosynthetische Methoden und
3. radiochemische Methoden.

Die ersteren laufen nach bestimmten präparativen Verfahren ab, wobei für die Synthese spezieller radioaktiv markierter Verbindungen häufig besondere, manchmal sogar unübliche Synthesewege eingeschlagen werden müssen. Biosynthetische Verfahren nutzen die synthetischen Fähigkeiten verschiedener Organismen, besonders Pflanzen- und Mikroorganismen. Dabei gibt man entsprechende Vorstufen, von denen bekannt ist, daß sie in die gewünschten Verbindungen inkorporiert werden. Von den radiochemischen Verfahren sei lediglich die *Wilzbach*markierung genannt, bei der vor allem durch die Rückstoßenergie hochmarkierten Tritiums ein Tritiumaustausch gegen Wasserstoffatome erfolgt.

Bei radioaktiv markierten organischen Verbindungen unterscheidet man spezifische Markierung, bei der ein ganz bestimmtes Atom radioaktiv markiert ist, im Gegensatz zur Uniformmarkierung, bei der jedes vorhandene Atom markiert ist, z.B. [1-^{14}C]Glucose und [u-^{14}C]Glucose. Die Uniformmarkierung eignet sich besonders gut, um hochmarkierte Verbindungen herzustellen. Bei einer Aminosäure mit 6 C-Atomen erhält man z.B. bei trägerfreier Markierung jedes C-Atoms die 6fache spezifische Aktivität, als wenn nur 1 C-Atom spezifisch markiert ist.

Die Applikation der entsprechend markierten Vorstufe an die zu untersuchende Pflanze kann aus Lösung entweder über die Wurzel, über das Blatt oder über abgeschnittene Sprosse vonstatten gehen. Bei der Dochtmethode wird ein solcher von der Precursorlösung in die Pflanze geleitet und so die Lösung angesaugt. Schwierigkeiten bereiten schwerlöslich Substanzen; dabei kann man sich mit Lösungsvermittlern oder oberflächenaktiven Substanzen helfen. Selbstverständlich muß während des Versuchszeitraumes eine Biosynthese stattfinden. Diese Feststellung erscheint banal, sie ist aber doch wichtig, weil das Vorkommen einer Substanz nicht gleichbedeutend mit Biosynthese zu einem gegebenen Zeitpunkt ist. Nach entsprechender Inkubationszeit wird die interessierende Substanz aus dem biologischen System isoliert, abgetrennt und bis zur konstanten spezifischen Radioaktivität gereinigt. Die sog. spezifische Einbaurate, d. h. das Verhältnis der spezifischen Radioaktivität des isolierten Produktes zu der der Vorstufe, gibt häufig bereits einen Hinweis auf die Effektivität des Einbaues. Die Höhe der spezifischen Einbaurate hängt aber auch von dem Pool an bereis vorhandenem inaktiven Precursor sowie von der Konzentration des bereits vorhandenen inaktiven Naturstoffes ab. Sie ist weiterhin abhängig von dem Ausmaß, in dem der Precursor an den Ort der Biosynthese gelangt. Aus der Untersuchung der Radioaktivitätsverteilung in dem betreffenden Naturstoff ergibt sich, mit welcher Spezifität die Vorstufe in diesen eingebaut ist.

3. Beispiele für Biosyntheseexperimente

Als erstes sei die Untersuchung der Bildung von Nicotinsäure genannt. Diese für Redoxenzyme wichtige Verbindung wird in Tieren und verschiedenen Mikroorganismen durch Abbau von Tryptophan gebildet. Dieser Syntheseweg ist in höheren Pflanzen nicht realisiert. Als Arbeits-

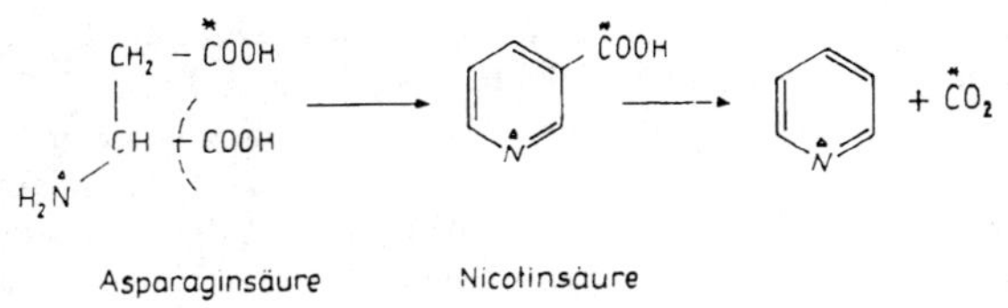

Abb. 1. Biosynthese der Nicotinsäure

hypothese haben wir eine Bildung aus Asparaginsäure postuliert, die einschl. ihres Stickstoffs inkorporiert werden sollte (Abb. 1). In einem ersten Versuch wurde daher spezifisch markierte [4-^{14}C]Asparaginsäure an entsprechende Organismen appliziert. Zum Beweis eines spezifischen Einbaus muß aber gezeigt werden, daß die inkorporierte Radioaktivität gemäß der Arbeitshypothese an den zu erwartenden Positionen lokalisiert ist und daß nicht nach Eintritt in den allgemeinen Stoffwechsel eine Verschmierung der Radioaktivität eingetreten ist. Dazu müssen die in Frage kommenden Kohlenstoffatome herausgeschält und auf ihre Radioaktivität hin untersucht werden. Im Falle der Nicotinsäure wurde die Substanz nach Verdünnung mit inaktiver Verbindung (zur besseren Handhabung) einer Decarboxylierung unterworfen. Dabei zeigte sich, daß aus der Carboxylgruppe als Bariumcarbonat erhaltene Kohlendioxid dieselbe spezifische Radioaktivität besaß wie die zur Decarboxylierung eingesetzte Nicotinsäure, d. h. daß das die gesamte Radioaktivität der Nicotinsäure in der Carboxylgruppe lokalisiert ist und daß die Inkorporation der Asparaginsäure entsprechend der Hypothese verlaufen ist.

Damit ist aber noch nichts über einen intakten Einbau der Asparaginsäure einschließlich ihres Stickstoffs gesagt. Die Inkorporation könnte vielmehr nach Transaminierung und sonstiger Umwandlung über andere C_4-Säuren erfolgt sein. Der intakte Einbau von Asparaginsäure wurde mit [4-^{14}C, ^{15}N]Asparaginsäure untersucht, d. h. einer doppelt markierten Verbindung, die man durch Mischung von entsprechenden einfach markierten Präparaten erhalten kann, in diesem Fall aus [4-^{14}C]Asparaginsäure und der entsprechenden [^{15}N]Verbindung. Eine solche doppelt markierte Substanz besitzt ein ganz bestimmtes Verhältnis von ^{15}N zu ^{14}C, das sich bei intaktem Einbau in der Nicotinsäure wiederfinden müßte. Wenn auch die absoluten Isotopenkonzentrationen durch die Verdünnung infolge bereits vorhandener inaktiver Asparaginsäure und auch Nicotinsäure wesentlich kleiner sind, so muß das Verhältnis beider Isotopenkonzentrationen das gleiche sein. Die [^{14}C]-Inkorporation dient sozusagen als innerer Standard für den [^{15}N]-Einbau. Tatsächlich hat sich auf diese Weise Asparaginsäure als unmittelbarer Precursor für Nicotinsäure erwiesen [15].

Für die Untersuchung der Radioaktivitätsverteilung sind mannigfache Reaktionen angewendet worden [1, 16]. Eine einfache Reaktionsfolge ist die zum kontinuierlichen Abbau von Fettsäuren (Abb. 2). Dabei wird in der sogenannten *Schmidt*reaktion eine Carbonsäure mit Natriumazid unter Bildung des um ein Kohlenstoffatom niedrigeren Amins decarboxyliert; das entstandene CO_2 entspricht der Carboxylgruppe. Das gebildete Amin kann zur entsprechenden Carbonsäure oxydiert werden, die sich wieder-

$$RCH_2-COOH \xrightarrow[H_2SO_4]{NaN_3} RCH_2NH_2 + CO_2$$

$$RCH_2NH_2 \xrightarrow[KMnO_4]{NaOH} R-COOH$$

Abb. 2. *Schmidt*reaktion zum Abbau aliphatischer Säuren

um der genannten Decarboxylierung unterwerfen läßt. Diese Abbaureaktionen gehören vor allem bei komplizierten Verbindungen, z.B. Steroiden und verschiedenen Alkaloiden, zur hohen Schule der organisch-chemischen Präparierkunst, vor allem, wenn man bedenkt, daß jeweils nur Mikromengen zur Verfügung stehen.

In den letzten Jahren ist die Bestimmung der Isotopenverteilung nach Verwendung des stabilen Isotops Kohlenstoff-13 auch mittels kernmagnetischer Resonanz erreicht worden [17]. Problematisch ist dabei allerdings die natürliche Häufigkeit von Kohlenstoff-13 (1,11 Atom-%), die keine allzugroßen Verdünnungen zuläßt, d. h., die Einbauraten müssen in den entsprechenden Systemen relativ hoch sein. Ein Beispiel dafür ist die Bildung von Shihunin in der Orchidee *Dendrobium pierardii* aus Succinylbenzoesäure entsprechend dem in Abb. 3 angegebenen Schema [18]. Eine größere Verdünnung kann toleriert werden, wenn Vorstufen verwendet werden, in denen benachbarte Positionen mit Kohlenstoff-13 markiert sind. Als Beispiel dafür sei der Einbau der Nicotinsäure in das Alkaloid Dioscorin in *Dioscorea hispida* genannt [19] (Abb. 4). In Abb. 5 ist die Biosynthese der u. a. in Scopolamin enthaltenen Tropasäure erwähnt, bei der das Prinzip der benachbarten Kohlenstoff-13-Markierung erst während der Biosynthese realisiert ist [20].

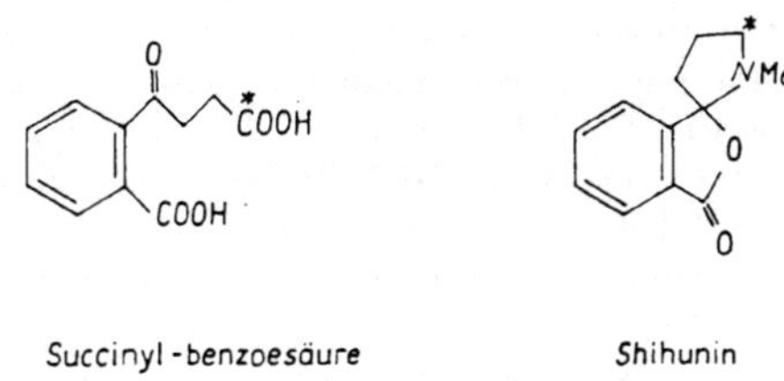

Abb. 3. Biosynthese von Shihunin

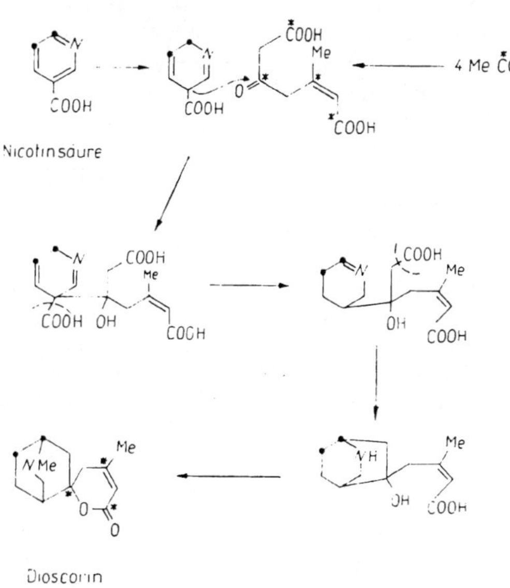

Abb. 4. Hypothese zur Bildung von Dioscorin

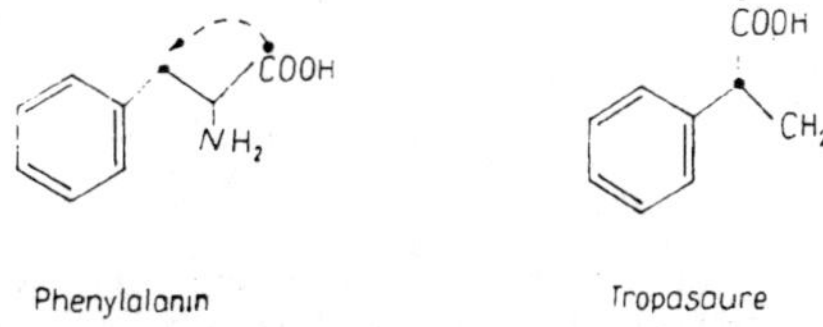

Abb. 5. Biosynthese der Tropasäure

In einem weiteren Beispiel sei die Bedeutung des Isotopieeffektes für Biosyntheseexperimente gezeigt, der auf Grund der relativen Massenunterschiede besonders signifikant bei den Wasserstoffisotopen ist. Der sog. intramolekulare Isotopieeffekt sagt aus, wievielmal schneller die C–H-Bindung gespalten wird als die C–T-Bindung. Dementsprechend können C–T-Bindungen bis zu 60mal und C–D-Bindungen bis zu 20mal fester sein als entsprechende C–H-Bindungen. Als Beispiel für diese Problematik sei die Methylierungsreaktion genannt, die bei vielen Naturstoffen eine große Rolle spielt. Methylgruppendonator ist im wesentlichen Methionin über S-Adenosylmethionin. Die Methylgruppe des Methionin kann entweder als Ganzes übertragen (echte Transmethylierung) oder aber nach Oxydation über eine CH_2-Gruppe inkorporiert werden [21]. Die Unterscheidung gelingt wiederum nur durch Anwendung einer Doppelmarkierung, wobei die Methylgruppe des angewendeten Methionins einerseits mit Kohlenstoff-14 und zum anderen mit einem Wasserstoffisotop markiert ist.

In einem Experiment mit einer [^{14}C, ^{3}H]Doppelmarkierung erhielt man ein Methylierungsprodukt, z.B. Ergosterol, bei dem das Verhältnis von Tritium zu Kohlenstoff nur etwa 90% von dem des Ausgangsmethionins lag, so daß eine echte Transmethylierung diskutiert wurde. Bei der Wiederholung des Experimentes mit einem [^{14}C, ^{2}H]doppelt-markierten Methionin ergab sich, daß bei der Methylierungsreaktion eines der drei Wasserstoffe der Methylgruppe des Methionins verlorengeht und daß der für eine Transmethylierung sprechende hohe Einbau bei dem Tritiumversuch infolge des Isotopieeffektes zustande kam, wonach die C–T-Bindung wesentlich fester ist und daher selektiv vorwiegend C–H-Bindungen gespalten werden [22].

Bei Biosyntheseexperimenten findet man häufig den Effekt, daß lediglich weit vor dem Endprodukt plazierte Precursoren inkorporiert werden und daß entsprechende Zwischenstufen nur geringen oder keinen Einbau zeigen. Das kann in vielen Fällen durch Vorhandensein sog. Multienzymkomplexe oder streng kompartimentierter Synthesekomplexe erklärt werden, die lediglich eine einfache Vorstufe aufnehmen, die dann in dem Kompartiment ungewandelt wird, daß aber Zwischenstufen nicht in die Kompartimente gelangen können.

Weitere Beispiele betreffen Biosyntheseexperimente mit stereospezifisch markierten Vorstufen. Es ist bekannt, daß die normalerweise als achiral angesehene CH_2-Gruppe unter bestimmten Bedingungen (Enzymbindung) in biochemischen Reaktionsabläufen Chiralität zeigt. Sie wird daher als prochiral bezeichnet [vgl. 23]. So sind die beiden Wasserstoffatome am C-4 des reduzierten Pyridinnucleotids keines-

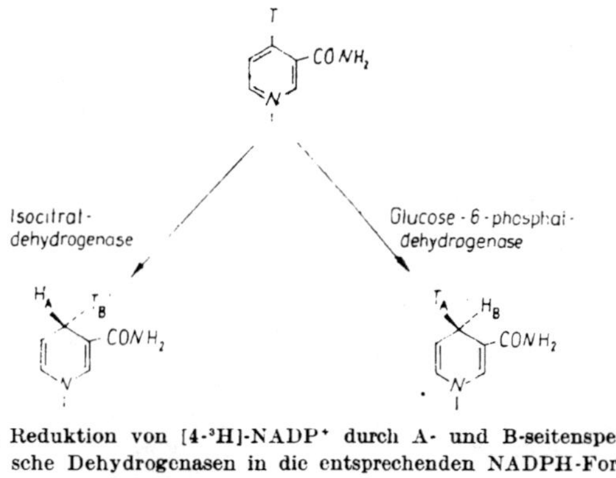

Abb. 6. Reduktion von [4-^{3}H]-NADP^{+} durch A- und B-seitenspezifische Dehydrogenasen in die entsprechenden NADPH-Formen

Korrektur: Im oberen Ring muß ein + stehen.

wegs gleichwertig, und die Reduktion von [4-^{3}H]NADP führt mit bestimmten Enzymen zur sog. A-Form, bei der Tritium oberhalb der Bildfläche liegt, während andere Enzyme die sog. B-Form ergeben, bei der das Tritium hinter der Bildfläche liegt [24–26] (Abb. 6). Mit derartig stereospezifisch markierten Pyridinnucleotiden lassen sich andere stereospezifisch markierte Substanzen herstellen. Als Beispiele seien lediglich Phenylalanin und Mevalonsäure genannt. Mit Hilfe eines derartig steoreospezifisch markierten Phenylalanins ließ sich die Stereospezifität der Phenylalanin-Ammoniak-Lyase-Reaktion nachweisen, die im gesamten Phenylpropanstoffwechsel von großer Be-

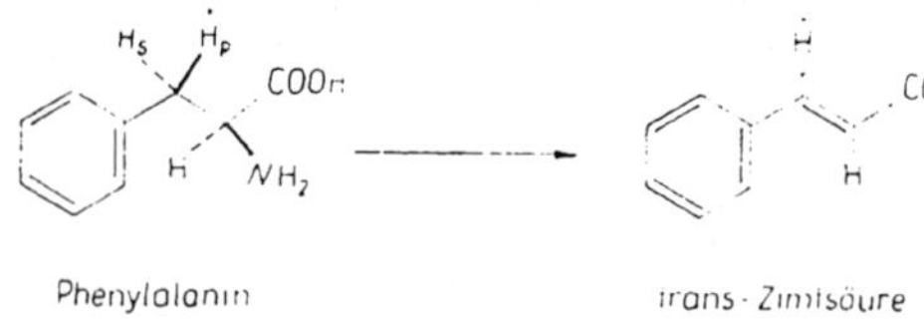

Abb. 7. Stereochemie der Phenylalanin-Ammoniak-Lyase-Reaktion

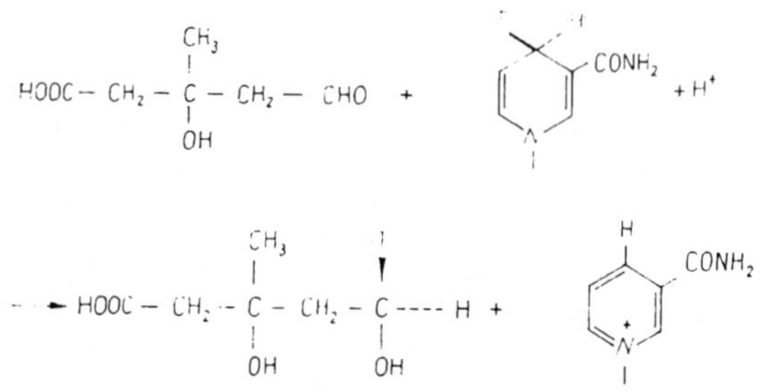

Abb. 8. Reduktion von Mevaldinsäure mit (4R-4-$^{3}H_1$)-NADH zu (5R-5-$^{3}H_1$)-Mevalonsäure nach *Donninger* und *Popjak* [30]

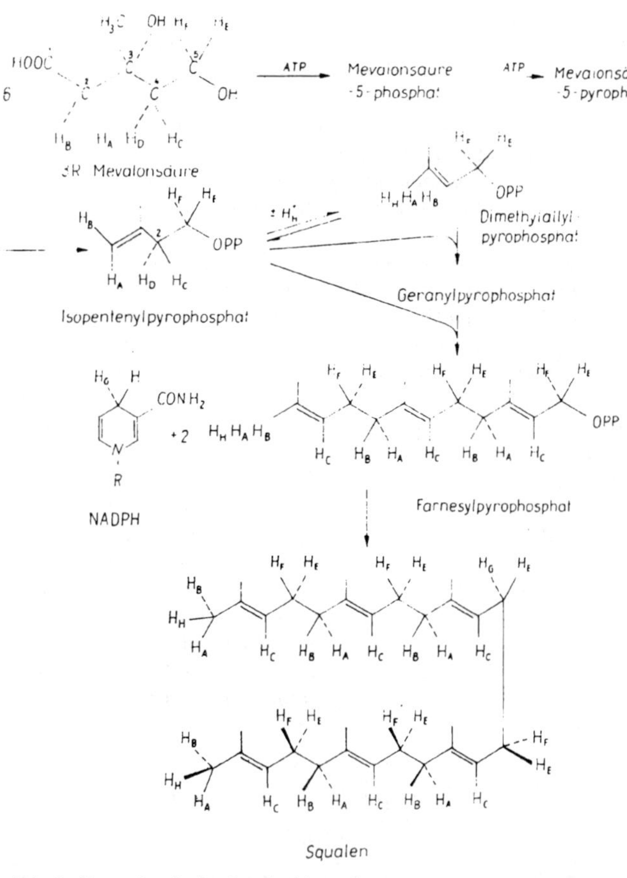

Abb. 9. Steorechemie der Squalenbiosynthese

deutung ist. Dabei wird streng stereospezifisch in einer Transeliminierung aus Phenylalanin unter Bildung von Zimtsäure Ammoniak abgespalten [27–29] (Abb. 7).

Mevalonsäure ist die Vorstufe der großen Gruppe der isoprenoiden Naturstoffe, zu denen auch die Steroide und verschiedene Bestandteile ätherischer Öle gehören. Sie hat drei prochirale C-Atome (Abb. 9), deren Wasserstoffe in allen bisherigen Untersuchungen ihre Individualität behalten [23]. In Abb. 8 ist als Beispiel die Synthese von [5R-5^3H_1]Mevalonsäure dargestellt, die durch Reduktion der Aldehydgruppe der Mevaldinsäure mit Hilfe stereospezifisch markierten Pyridinnucleotids gelingt [30].

Mit Hilfe der verschiedenen stereospezifisch markierten Mevalonsäuren ist die Biosynthese einer Reihe von Terpenoiden und Steroiden hinsichtlich ihrer Stereospezifität aufgeklärt worden. In Abb. 9 ist die entsprechende Inkorporation in Squalen, einer Vorstufe der Steroide, wiedergegeben, wobei gezeigt ist, daß die einzelnen Wasserstoffatome dieses Triterpens jeweils aus ganz bestimmten Wasserstoffen der Mevalonsäure bzw. aus Pyridinnucleotid stammen.

In einem weiteren Beispiel soll gezeigt werden, daß gewisse Biosyntheseprobleme nur mit stabilen und nicht mit radioaktiven Isotopen untersucht werden können. Bei der Biosynthese von Prostaglandinen war das Problem zu lösen, ob die beiden Sauerstoffunktionen des in allen Prostaglandinen vorkommenden Cyclopentanringes aus einem einzigen Sauerstoffmolekül oder aus zwei verschiedenen stammen (Abb. 10). Dazu wurde die Biosynthese mit einem Gemisch aus 50% $^{16}O_2$ und 50% $^{18}O_2$ durchgeführt. Im ersten Fall sind nur Moleküle/zu erwarten mit der normalen, dem ^{16}O entsprechenden Molmasse und solchen Molekülen, die eine (M + 4)-Masse haben, entsprechend dem Einbau von jeweils 2 Atomen des einen oder des anderen Isotops. Im zweiten Fall müßten auch Moleküle mit der Molmasse M + 2 auftreten, in denen in den betreffenden Positionen ein normaler und ein schwerer Sauerstoff enthalten ist. Der erste Fall konnte bewiesen werden [31].

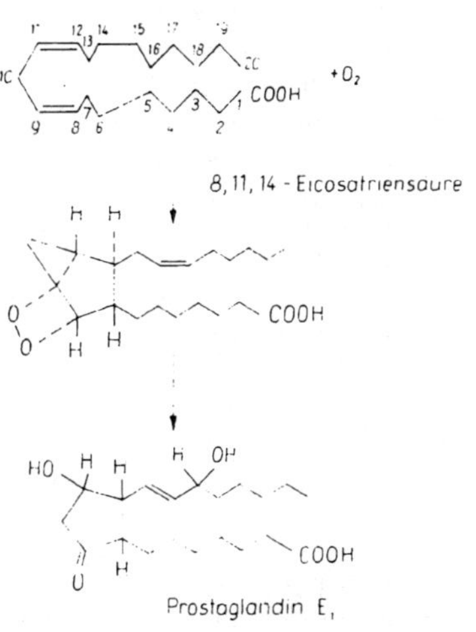

Abb. 10. Biosynthese von Prostaglandin E_1

4. Beispiele zur Metabolisierung von Xenobiotika

Die Tracermethode findet darüber hinaus eine breite Anwendung bei der Untersuchung des Stoffwechsels von Xenobiotika (Tab. 3) [32–39]. Diese Experimente haben für die Beurteilung der Umwelttoxikologie derartiger Stoffe im Menschen, im Tier sowie in Pflanzen eine große Bedeutung. In Tab. 4 sind die wichtigsten Reaktionen zusammengefaßt, denen die Xenobiotika unterliegen können. Große Bedeutung haben dabei die durch mikrosomale mischfunktionelle Oxygenasen katalysierten Umwandlungen (Tab. 5), bei denen Sauerstoff in von Cytochrom P 450 abhängigen Reaktionen auf die Substrate unter Bildung von Hydroxylgruppen übertragen wird. In vielen Fällen werden carboxylgruppen- und vor allem hydroxylgruppenhaltige Verbindungen konjugiert, wobei vor allem Zucker- und Aminosäuren als Partner in Frage kommen (Tab. 6).

Zur Untersuchung des Stoffwechsels von Xenobiotika wird im allgemeinen die interessierende Substanz radioaktiv markiert, anschließend an das zu untersuchende System appliziert, und nach einer bestimmten Inkubationszeit wird das gebildete Metabolitengemisch chromatographisch aufgetrennt. Die gebildeten Metabolite werden danach eluiert und mittels chemischer bzw. physikochemischer Methoden sowie durch Vergleich mit authentischen Testsubstanzen (Isotopenverdünnungsanalyse) in ihrer Struktur aufgeklärt.

Tab. 3. Xenobiotika (Fremdstoffe für Organismen)

Synthetische Phytoeffektoren
- Herbizide
- Synthetische pflanzliche Wachstumsregulatoren

Pestizide
- Insektizide
- Fungizide
- Nematizide u. a.

Pharmazeutika
Umweltgifte

Tab. 4. Biotransformationsreaktionen von Xenobiotika (in Pflanzen und Tieren)

Hydroxylierung
Oxydation
Reduktion
Hydrolyse
Acylierung
Alkylierung
Desalkylierung
Konjugation

Tab. 5. Durch mikrosomale mischfunktionelle Oxidasen katalysierte Reaktionen

Hydroxylierung (aromatischer und aliphatischer Verbindungen)
N-Hydroxylierung
N- und O-Desalkylierung
Sulfoxydation
Epoxydation
Bildung von N-Oxiden

Tab. 6. Wichtige Konjugationspartner in Tieren und Pflanzen

Tiere	Pflanzen
Glucuronsäure	Glucose und andere Zucker
Aminosäuren	Aminosäuren
Glycin	Glutaminsäure
Glutaminsäure	Asparaginsäure
Asparaginsäure	
Glutathion	Glutathion
Sulfat	

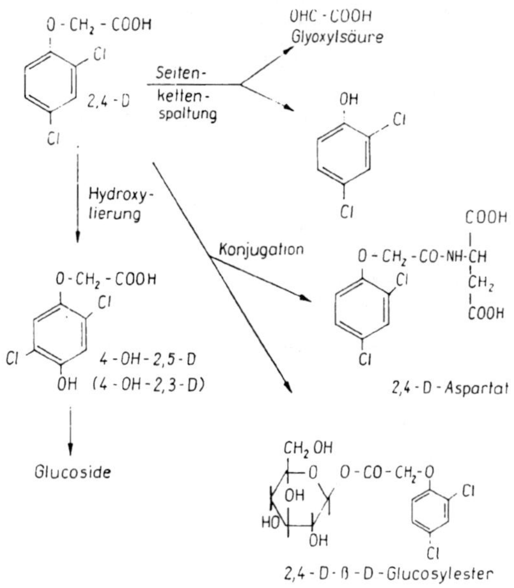

Abb. 11. Biotransformation von 2,4-D

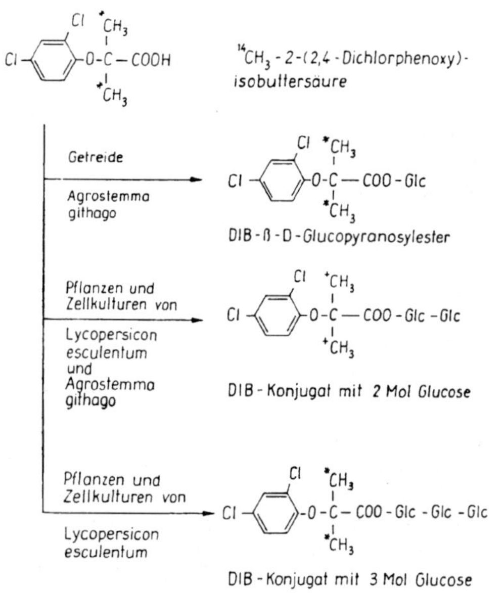

Abb. 12. Metabolismus von 2-(2,4-Dichlorphenoxy)-isobuttersäure

Als erstes Beispiel sei die Metabolisierung des bekannten Herbizids 2,4-Dichlorphenoxyessigsäure (2,4 D) erwähnt, bei der eine Reihe der o. g. Reaktionen realisiert ist [40 bis 48] (Abb. 11). 2,4-D wird einerseits in einer Cytochrom-P-450-abhängigen Reaktion an der Ethergruppe gespalten. Bei dieser Reaktion tritt primär eine Hydroxylierung an der CH_2-Gruppe auf, die resultierende Hydroxyverbindung ist instabil und spaltet sich leicht in Glyoxylsäure und das entsprechende Phenol. Andererseits können auch im Phenylring Hydroxylierungen auftreten, wobei in einem NIH-shift das Chloratom von der Position 4 in die 3- bzw. 5-Stellung umgelagert wird. Das größte Ausmaß haben allerdings Konjugationsreaktionen, vor allem mit Glucose aber auch mit Aminosäuren.

Die Konjugation mit Zuckern spielt auch in dem von uns untersuchten pflanzlichen Wachstumsregulator 2-(2,4-Dichlorphenoxy)-isobuttersäure eine Rolle, deren Stoffwechsel in Getreide sowie in verschiedenen anderen Pflanzen untersucht worden ist [49, 50]. Die Experimente sind teil-

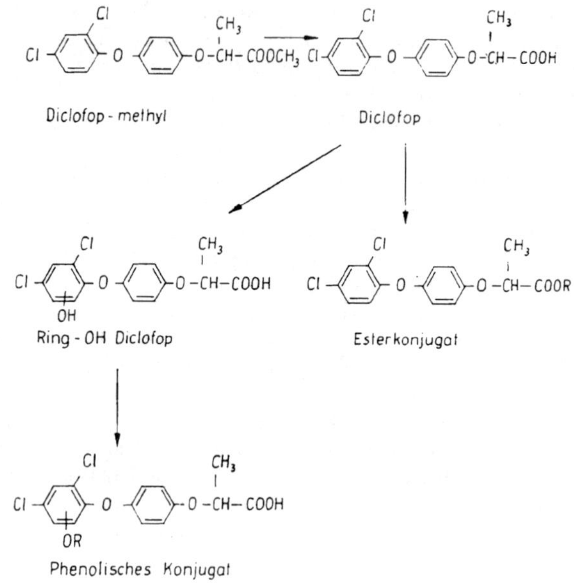

Abb. 13. Metabolismus von Diclofopmethyl

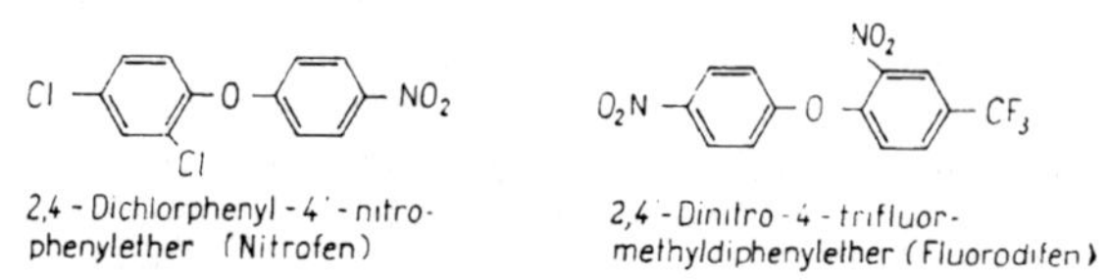

Abb. 14. Nitrofen und Fluorodifen aus der Gruppe der substituierten Diphenyletherherbizide

weise mit Ganzpflanzen und teilweise mit Zellsuspensionskulturen durchgeführt worden. Dabei treten neben dem Ester mit 1 Mol Glucose weitere Konjugationsprodukte auf, die zwei bzw. drei Glucoseeinheiten pro Mol enthalten (Abb. 12). Ähnliche Ergebnisse wurden auch mit Diclofop erhalten (Abb. 13) [51, 50]. Beim Metabolismus in Zellsuspensionskulturen von *Tritium monococcum* treten vor allem Konjugate hydroxylierter Metabolite sowie Esterkonjugate auf. Offensichtlich wird die Diphenylethergruppierung in dieser Verbindung nicht angegriffen. Demgegenüber konnten wir bei den Diphenyletherherbiziden, z.B. Nitrophen und Fluorodiphen, in Abhängigkeit vom pflanzlichen System eine mehr oder weniger starke Hydrolyse der Diphenyletherbindung feststellen (Abb. 14) [53, 54].

Besonders das letztere Gebiet des Metabolismus von Xenobiotika umfaßt heute eine Fülle von Ergebnissen, die nicht im entferntesten zusammenfassend diskutiert werden können. Die angeführten Beispiele sollten zeigen, welche Möglichkeiten auch auf diesen Gebieten durch die Tracermethode gegeben sind.

Eingegangen am 7. 7. 1983

Literatur

[1] *H. R. Schütte*, Radioaktive Isotope in der organischen Chemie und Biochemie. Berlin: VEB Deutscher Verlag der Wissenschaften 1966
[2] *E. A. Evans, M. Muramatsu* (Eds.), Radiotracer Techniques and Applications. New York – Basel: Marcel Dekker 1977
[3] *M. F. L'Annunziata*, Radiotracers in Agricultural Chemistry. New York: Academic Press 1979
[4] *H. R. Schütte*, Isotopenpraxis **16** (1980) 313
[5] *G. v. Hevesy, F. A. Paneth*, Z. anorg. Chem. 82 (1913) 323
[6] *J. Curie, F. Joliot*, C. R. hebd. Séances Acad. Sci. **198** (1934) 254
[7] *E. Fermi, F. Amaldi, O. D'Agostino, F. Rasetti, E. Segré*, Proc. Roy. Soc. (London) **146** (1934) 483
[8] *O. Hahn, F. Strassmann*, Naturwissenschaften **27** (1939) 11
[9] *H. Koch*, Isotopenpraxis **15** (1979) 193

[10] *M. D. Kamen*, Science (Washington) **140** (1963) 584
[11] *L. Alvarez, R. Cornog*, Physic. Rev. **56** (1939) 613
[12] *K. Bloch, D. Rittenberg*, J. biol. Chemistry **145** (1942) 625
[13] *D. Rittenberg, K. Bloch*, J. biol. Chemistry **160** (1945) 417
[14] *M. Calvin*, Angew. Chem. **74** (1963) 165
[15] *D. Gross, H. R. Schütte, G. Hübner, K. Mothes*, Tetrahedron Letters **1963**, 541
[16] *H. Simon, H. G. Floss*, Bestimmung der Isotopenverteilung in markierten Verbindungen. Berlin: Springer-Verlag 1967
[17] *E. Leete*, Rev. Latinoamer. Quim. **11** (1980) 8
[18] *E. Leete, G. B. Bodem*, J. Am. Chem. Soc. **98** (1976) 6321
[19] *E. Leete*, Phytochemistry **16** (1977) 1705
[20] *E. Leete, N. Kowanko, R. A. Newmark*, J. Am. Chem. Soc. **97** (1975) 6826
[21] *H. R. Schütte* in: *K. Mothes* und *H. R. Schütte*, Biosynthese der Alkaloide. Berlin: VEB Deutscher Verlag der Wissenschaften 1969, S. 123
[22] *G. Jaureguiberry, J. H. Law, J. A. McCloskey, E. Lederer*, Biochemistry **4** (1965) 347
[23] *H. R. Schütte, M. Stock*, Isotopenpraxis **15** (1979) 197
[24] *H. R. Levy, P. Talalay, B. Vennesland*, Progress in Stereochemistry **3** (1962) 299
[25] *H. F. Fisher, E. E. Conn, B. Vennesland, F. H. Westheimer*, J. biol. Chem. **202** (1953) 687
[26] *D. Arigoni, E. L. Eliel*, in: *E. L. Eliel, N. L. Allinger*, Topics in Stereochemistry **4** (1969) 127
[27] *K. R. Hanson, R. H. Wightman, J. Staunton, A. R. Battersby*, Chem. Commun. 1971, 185
[28] *R. Ife, E. Haslam*, J. Chem. Soc. 1971, 2818
[29] *B. E. Ellis, M. H. Zenk, G. W. Kirby, J. Michael, H. G. Floss*, Phytochemistry **12** (1973) 1057
[30] *C. Donninger, G. Popjak*, Proc. Royal Soc. (London) **163 B** (1966) 465
[31] *B. Samuelsson*, J. Am. Chem. Soc. **87** (1965) 3011
[32] *F. M. Ashton, A. S. Crafts*, Mode of Action of Herbicides. New York: Dekker 1973
[33] *A. W. Naylor*, Herbicide metabolism in plants. In: Herbicides. Physiology, biochemistry, ecology, Vol. 1. *L. J. Audus* (ed.) London: Academic Press 1976, S. 397
[34] *P. C. Kearney, D. D. Kaufman* (Eds.) Herbicides, Chemistry, Degradation and Mode of Action, Vol. I u. II. New York: Dekker 1976
[35] *G. G. Still, G. Paulson, D. R. Nelson*, The Use of Radioisotopes to the Study of the Metabolism of Agricultural Chemicals, in [2], Vol. 2 (1977) 893
[36] *H. R. Schütte*, in: *T. Kudrev, I. Ivanova, E. Karanov*, Plant Growth Regulators. Sofia: Bulgarian Academy of Sciences 1977, p. 387
[37] *H. Gräser*, Biochemie und Physiologie der Phytoeffektoren. Berlin: VEB Deutscher Verlag der Wissenschaften 1978
[38] *H. R. Schütte* (Ed.), Wirkungsmechanismus von Herbiziden und synthetischen Wachstumsregulatoren. Jena: VEB Gustav Fischer Verlag 1980
[39] *H. R. Schütte*, Tag.-Ber., Akademie der Landwirtschaftswissenschaften der DDR, Berlin **182** (1980) 207
[40] *C. S. Feung, R. H. Hamilton, F. H. Witham, R. O. Mumma*, Plant Physiol. **50** (1972) 80
[41] *R. J. Fleeker*, Phytochemistry **12** (1973) 757
[42] *C. S. Feung, R. H. Hamilton, R. O. Mumma*, J. Agric. Food Chem. **21** (1973) 637
[43] *C. S. Feung, R. H. Hamilton, R. O. Mumma*, J. Agric. Food. Chem. **24** (1976) 1013
[44] *C. S. Feung, S. L. Loerch, R. H. Hamilton, R. O. Mumma*, J. Agric. Food Chem. **26** (1978) 1064
[45] *G. H. Davidonis, R. H. Hamilton, R. O. Mumma*, Plant Physiol. **65** (1980) 94
[46] *D. Scheel, H. Sandermann*, Jr., Planta **152** (1981) 248
[47] *D. I. Chkanikov, A. M. Makeev, N. N. Pavlova, I. A. Nazarova*, Fiziol. Rast. **29** (1982) 542
[48] *G. H. Davidonis, R. H. Hamilton, R. O. Mumma*, Plant Physiol. **70** (1982) 104
[49] *G. Dross, H. R. Schütte*, Biochem. Physiol. Pflanzen **175** (1980) 154
[50] *B. Schneider, H. R. Schütte, A. Tewes* (in Vorbereitung)
[51] *J. A. Dusky, D. G. Davis, R. H. Shimabukuro*, Physiol. Plant. **49** (1980) 151
[52] *W. W. Donald, R. H. Shimabukuro*, Physiol. Plant. **49** (1980) 459
[53] *H. R. Schütte, P. Hoffmann*, Z. Pflanzenphysiol. **105** (1982) 275
[54] *M. Stock, H. R. Schütte* (in Vorbereitung)

Isotopenpraxis **20** (1984) 3, S. 87–90

Originalarbeiten

Zur Auswertung experimenteller Daten der ^{15}N-Tracertechnik in der Medizin

J. Töwe[1], *I. Richter*[2], *Ch. Plath*[2], *W. Heine*[2], *K. Wutzke*[2], *G. Kundt*[1]

([1]) Abteilung med. Dokumentation und Statistik und [2]) Kinderklinik des Bereiches Medizin der Wilhelm-Pieck-Universität Rostock, DDR)[3])

Zur Untersuchung des Stickstoffmetabolismus mit Hilfe der ^{15}N-Tracertechnik finden Kompartmentmodelle Verwendung. Es wird ein Rechenprogramm für den Kleinstrechner K 1002 zur Auswertung experimenteller Daten auf der Grundlage des 3-Kompartmentmodells nach Sprinson und Rittenberg vorgestellt, welches auch klinischen Einrichtungen eine Nutzung der ^{15}N-Tracertechnik mit Kompartmentanalyse gestattet.

Compartment models are used for the investigation of nitrogen metabolism by means of ^{15}N tracer technique. A computing programme made up for the K 1002 microcomputer based on the Sprinson and the Rittenberg 3-compartment model and to be used for the evaluation of experimental data is presented. This programme renders possible the application of ^{15}N tracer techniques with compartment analysis even in clinical service.

Keywords

biochemical reaction kinetic; compartments; computer calculations; metabolism; nitrogen 15

Einleitung

Praktische Untersuchungen des menschlichen Stickstoffmetabolismus unter Verwendung des stabilen Stickstoffisotops ^{15}N werden häufig gestützt durch theoretische Modelle, die der Compartmenttheorie entnommen sind. Die Grundannahme besteht darin, daß das kinetische Verhalten des Tracers das der Grundsubstanz widerspiegelt. Folgt man dieser Annahme, so können wichtige Stoff-

[3]) Anschrift: 2500 Rostock, E.-Heydemann-Str. 16/17

wechseldaten aus tracerkinetischen Daten gewonnen werden. *Norwich* und Mitarb. [2] machen Aussagen über die Linearität von tracerkinetischen Modellen der Compartmenttheorie. *Sprinson* und Mitarb. [3] führen ein 3-Pool-Modell für den Stickstoffstoffwechsel ein. Auf dieses Modell und eine mögliche Auswertung bei praktischen Versuchen werden wir uns in der vorliegenden Arbeit beziehen. *Winkler* und Mitarb. [4, 5] geben für den Stickstoffmetabolismus eine allgemeine lineare tracerkinetische Theorie an. Es können beliebig viele Pools betrachtet werden. Im praktischen Versuch stellt sich in diesem Zusammenhang immer das Problem der experimentellen Bestimmung mehrerer Poolgrößen. Für die Modellanpassung gibt *Winkler* [6] ein FORTRAN-Programm an. Die Anpassung wird mit dem iterativen Verfahren nach *Gauss-Newton* vorgenommen. Die aus den linearen Differentialgleichungen der Kompartmenttheorie folgenden Lösungsfunktionen brauchen nicht explizit bekannt zu sein, da diese im Verlaufe der Iteration mit dem *Runge-Kutta*-Verfahren numerisch bestimmt werden. Dieses Programm kann auf sehr kleinen Rechnern nicht realisiert werden.

3-Pool-Modell nach *Sprinson* und *Rittenberg*

Sprinson und *Rittenberg* [3] modellieren den Stickstoffstoffwechsel durch drei Pools (Metabolic-, Protein- und Excretions-Pool) und die entsprechenden Flüsse.

Q_1 (Q_2, Q_3) — Menge des Gesamtstickstoff im Metabolic-Pool (Protein-, Excretions-Pool)

R_{10} — Zufluß von Nahrungsstickstoff in den Metabolic-Pool

R_{ij} — Fluß vom Pool i in den Pool j

Die zeitlichen Änderungen der Poolgrößen Q_i lassen sich ganz allgemein durch folgende Differentialgleichungen beschreiben:

$$\left.\begin{aligned} \frac{dQ_1}{dt} &= R_{12} - R_{21} - R_{31} + R_{10} \\ \frac{dQ_2}{dt} &= -R_{12} + R_{21} \\ \frac{dQ_3}{dt} &= \qquad\qquad + R_{31} \end{aligned}\right\} \quad (1)$$

Eine sehr einschneidende Einschränkung besteht in dem linearen Ansatz der Flüsse

$$R_{ij} = k_{ij} Q_j \quad (2)$$

Die Koeffizienten k_{ij} werden als Geschwindigkeitskonstanten (Transportkonstanten) bezeichnet.

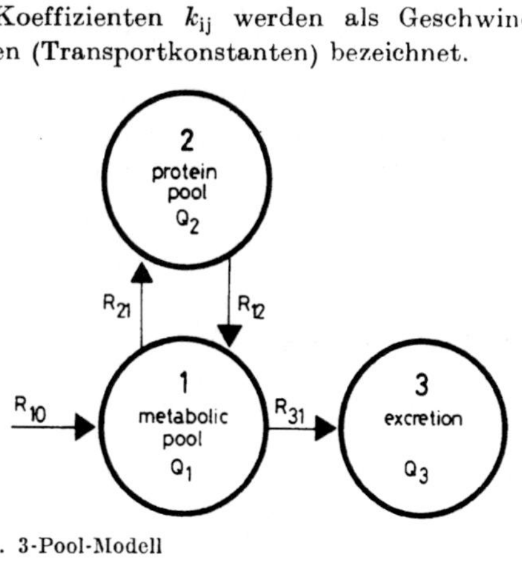

Abb. 1. 3-Pool-Modell

Bei Verwendung eines Tracers lassen sich die Gleichungen (1) unter Berücksichtigung von (2) wie folgt aufschreiben.

$$\left.\begin{aligned} \frac{dq_1}{dt} &= k_{12}q_2 - k_{21}q_1 - k_{31}q_1 + r_{10} \\ \frac{dq_2}{dt} &= -k_{12}q_2 + k_{21}q_1 \\ \frac{dq_3}{dt} &= \qquad\qquad + k_{31}q_1 \end{aligned}\right\} \quad (3)$$

q_1 (q_2, q_3) — Menge des Tracers im Metabolic-Pool (Protein-, Excretions-Pool)

r_{10} — Zufluß des Tracers in den Metabolic-Pool

Eine sehr entscheidende Annahme besteht darin, daß die Transportkoeffizienten k_{ij} für den Gesamtstickstoff und den Tracer als gleich angesehen werden. Dies ist die Grundvoraussetzung der Übertragung von Ergebnissen tracerkinetischer Untersuchungen auf den gesamten Stickstoffstoffwechsel.

Im Anhang sind Lösungsfunktionen für das Differentialgleichungssystem (3) angegeben. Diese sollen für einige einfache Fälle spezialisiert werden. Zunächst soll der Rückfluß vom Protein-Pool in den Metabolic-Pool vernachlässigt werden. Dies bedeutet $k_{12} = 0$. Die im Anhang eingeführten Größen λ_1 und λ_2 ergeben sich in diesem Fall zu

$$\lambda_1 = k_{21} + k_{31} = k \quad \text{und} \quad \lambda_2 = 0$$

— Impulsmarkierung ($q_{01} \neq 0$; $q_{02} = q_{03} = 0$; $\Theta = 0$):

$$\left.\begin{aligned} &q_1(t) = q_{01}e^{-kt}\,; \qquad q_2(t) = \frac{k_{21}}{k} q_{01}(1 - e^{-kt}) \\ &q_3(t) = \frac{k_{31}}{k} q_{01}(1 - e^{-kt}) \end{aligned}\right\} \quad (4)$$

— Dauerinfusion ($r \neq 0$; $\Theta \neq 0$; $q_{01} = q_{02} = q_{03} = 0$):

$$\left.\begin{aligned} q_1(t) &= \begin{cases} \dfrac{r}{k}(1 - e^{-kt}) & \text{für } t \leqq \Theta \\ \dfrac{r}{k}(1 - e^{-k\Theta})\, e^{-k(t-\Theta)} & \text{für } t > \Theta \end{cases} \\ q_2(t) &= \begin{cases} \dfrac{k_{21}}{k} W_1(t) & \text{für } t \leqq \Theta \\ \dfrac{k_{21}}{k} W_2(t) & \text{für } t > \Theta \end{cases} \\ q_3(t) &= \begin{cases} \dfrac{k_{31}}{k} W_1(t) & \text{für } t \leqq \Theta \\ \dfrac{k_{31}}{k} W_2(t) & \text{für } t > \Theta \end{cases} \end{aligned}\right\} \quad (5)$$

mit

$$W_1(t) = r\left[t + \frac{1}{k}(e^{-kt} - 1)\right]$$

$$W_2(t) = r\left[\Theta + \frac{1}{k}(e^{-k\Theta} - 1)\, e^{-k(t-\Theta)}\right]$$

Modellanpassung

Bei experimentellen Untersuchungen wird in Abhängigkeit von der Versuchszeit die im Urin ausgeschiedene Gesamt- und Tracerstickstoffmenge gemessen. Bei Gültigkeit der angegebenen Modelle wird die kumulative ausgeschiedene Tracerstickstoffmenge (Exzeßstickstoffmenge) $q_{3Ex}(t)$ durch die Funktion $q_3(t)$ aus (4) bzw. (5) beschrieben. Durch geeignete Wahl der unbekannten Geschwindigkeitskonstanten k_{21} und k_{31} lassen sich die Modellkurven $q_3(t)$ an die experimentell ermittelte Kurven $q_{3Ex}(t)$ anpassen. Das Kriterium der Anpassung besteht in der Minimierung der Summe der Abweichungsquadrate zwischen theoretischer und experimenteller Kurve (*MkQ*-Methode).

$$\sum_{i=1}^{n} (q_{3Ex}(t) - q_3(t))^2 \to \text{Minimum} \tag{6}$$

t_i – Urinsammelzeiten

Für den klinischen Experimentator ist die Auslagerung der Auswertung seiner experimentell gewonnenen Daten in ein Rechenzentrum mit Zeitverlusten und einer gewissen Entfremdung zu den eigenen Ergebnissen und den Möglichkeiten der Auswertung verbunden. Kleinrechner im Labor können diese Situation verbessern. Ohne Zwischenpersonen einzuschalten, kann der klinisch tätige Arzt in bescheidenem Maße bei der Auswertung „experimentieren".

Das nachfolgend beschriebene Verfahren wurde auf einem programmierbaren Kleinstrechner (K 1002; VEB ROBOTRON Zella-Mehlis) realisiert.

a) *Impulsmarkierung*

Im Fall der Impulsmarkierung läßt sich die Modellkurve aus (4) in der Form

$$q_3(t) = a(1 - e^{-kt}) \tag{7}$$

darstellen. Die zu schätzenden Parameter sind a und k. Die Größe a wird als Plateau-Wert interpretiert. Von *Verhagen* [7] wurde ein einfaches Näherungsverfahren für die Schätzung der Parameter α, β und γ der Exponentialfunktion

$$Y = \alpha + \beta e^{\gamma x}$$

angegeben. Dieses Verfahren wurde für die Funktion (7) spezifiziert.

Mit

$$q_{3Ex}(t_i) \equiv Y_i \quad \text{und} \quad Z_j = \tfrac{1}{2} \sum_{i=2}^{j} (Y_{i-1} + Y_i)(t_i - t_{i-1})$$

lassen sich Schätzungen für k und a angeben.

$$\left.\begin{aligned} k &= -\frac{\Sigma Y_i Z_i \, \Sigma t_i^2 - \Sigma Z_i t_i \, \Sigma Y_i t_i}{\Sigma t_i^2 \, \Sigma Z_i^2 - (\Sigma Z_i t_i)^2} \\ a &= \frac{k \, \Sigma Z_i t_i + \Sigma Y_i t_i}{k \, \Sigma t_i^2} \end{aligned}\right\} \tag{8}$$

Ausgehend von den Lösungen (8), die in der Regel nicht der Bedingung (6) genügen, wird ein einfaches Iterationsverfahren angewendet.

Mit $q_3(t) = a g_i$ und $g_i = 1 - e^{-kt_i}$ lassen sich aus dem Anpassungskriterium (6) folgende Bedingungen ableiten (Nullsetzen der partiellen Ableitungen von (6) nach a und k):

$$a = \frac{\Sigma Y_i g_i}{\Sigma g_i^2} \tag{9}$$

$$f(k) = \Sigma Y_i h_i - \frac{\Sigma Y_i g_i}{\Sigma g_i^2} \Sigma g_i h_i = 0 \tag{10}$$

mit

$$h_i = \frac{dg_i}{dk}$$

Mit einem Ausgangswert für k nach (8) wird mit dem iterativen Verfahren „Regula falsi" für die Nullstellenbestimmung aus (10) k bestimmt. Das Verfahren konvergiert sehr schnell. Nach ermitteltem k wird a nach (9) bestimmt. Bei Vorgabe eines bestimmten Plateau-Wertes a vereinfacht sich die Bestimmung von k. Die Gleichung (10) geht über in

$$f(k) = \Sigma Y_i h_i - a \, \Sigma g_i h_i = 0 \tag{10}$$

Auch hier wird das beschriebene Verfahren der Nullstellenbestimmung angewendet.

b) *Dauerinfusion*

Bis zur Zeit Θ wird die Infusion des Tracers mit dem konstanten Fluß r vorgenommen; die Urin-Proben-Sammelzeiten gehen über Θ hinaus. Ähnlich wie bei der Impulsmarkierung läßt sich die Modellkurve der Ausscheidung des Tracers in der Form

$$q_3(t) = \begin{cases} a\left[t + \frac{1}{k}(e^{-kt} - 1)\right] = a g_1 & \text{für} \quad t \leqq \Theta \\ a\left[\Theta + \frac{1}{k}(e^{-k\Theta} - 1)\, e^{-k(t-\Theta)}\right] = a g_2 & \text{für} \quad t > \Theta \end{cases} \tag{12}$$

darstellen. Bei vorgegebenem Θ sind die Parameter a und k zu schätzen. Unter Verwendung des Anpassungskriterium (6) lassen sich die genannten Parameter a und k ähnlich wie bei der Impulsmarkierung bestimmen. Bei der Summation muß immer berücksichtigt werden, daß die analytische Form der Modellkurven für $t_i \leqq \Theta$ und $t_i > \Theta$ unterschiedlich ist.

$$\sum_{i=1}^{n} (Y_i - q_3(t_i))^2 = \sum_{(t_i \leqq \Theta)} (Y_i - a g_{1i})^2 + \sum_{(t_i > \Theta)} (Y_i - a g_{2i})^2 \to \text{Minimum}$$

Formal ergibt sich für k die gleiche Bedingung wie (10) bei der Impulsmarkierung. Die Nullstellenbestimmung wird iterativ vorgenommen. Ist k bekannt, wird a in ähnlicher Weise wie (9) bestimmt.

Die Geschwindigkeitskonstanten k_{21} und k_{31} lassen sich aus a und k bestimmen

$$k_{31} = \frac{a \cdot k}{r}; \qquad k_{21} = k - k_{31}$$

Eingegangen am 13. 7. 1983

Literatur

[1] *A. Kneschke*, Differentialgleichungen und Randwertprobleme, Bd. 1. Berlin: VEB Verlag Technik 1960
[2] *K. H. Norwich, G. Helenyi*, Biophysik 7 (1971) 169
[3] *D. B. Sprinson, D. Rittenberg*, J. Biol. Chem. 180 (1949) 715
[4] *E. Winkler, H. Faust*, Isotopenpraxis 14 (1978) 349
[5] *E. Winkler, H. Faust, K. Wetzel, H.-D. Czarnetzky, W. Hartig*, Isotopenpraxis 14 (1978) 367
[6] *E. Winkler*, Biom. Z. 16 (1974) 259
[7] *A. M. W. Verhagen*, Austral. Journ. of Statist. 2 (1960) 122

Anhang

Es wird das lineare Differentialgleichungssystem

$$\left.\begin{aligned} \frac{dq_1}{dt} &= -k_{21}q_1 - k_{31}q_1 + k_{12}q_2 + f(t) \\ \frac{dq_2}{dt} &= +k_{21}q_1 \qquad\quad - k_{12}q_2 \\ \frac{dq_3}{dt} &= \qquad\quad + k_{31}q_1 \end{aligned}\right\} \tag{A 1}$$

mit der Störfunktion $f(t)$ und den Anfangsbedingungen $q_1(0) = q_{01}$, $q_2(0) = q_{02}$ und $q_3(0) = q_{03}$ betrachtet. Die Störfunktion hat folgende Gestalt

$$f(t) = \begin{cases} r & \text{für} \quad t \leqq \Theta \\ 0 & \text{für} \quad t > \Theta \end{cases}$$

$f(t)$ stellt den Tracerzufluß in den Metabolic-Pool dar; bis zur Zeit Θ liegt eine konstante Dauerinfusion r vor, danach wird die Dauerinfusion abgesetzt.

Die Lösungen des Differentialgleichungssystem (A 1) ergeben sich für die genannten Anfangsbedingungen zu [1]:

$$\left.\begin{aligned} q_1(t) &= E_1 e^{-\lambda_1 t} + E_2 e^{-\lambda_2 t} + E_3 \\ q_2(t) &= M_1 e^{-\lambda_1 t} + M_2 e^{-\lambda_2 t} + M_3 \\ q_3(t) &= G_1 e^{-\lambda_1 t} + G_2 e^{-\lambda_2 t} + G_3 t + G_4 \end{aligned}\right\} \text{für} \quad t \leqq \Theta \tag{A 2}$$

und

$$\left.\begin{aligned} q_1(t) &= F_1 e^{-\lambda_1 t} + F_2 e^{-\lambda_2 t} \\ q_2(t) &= N_1 e^{-\lambda_1 t} + N_2 e^{-\lambda_2 t} \\ q_3(t) &= H_1 e^{-\lambda_1 t} + H_2 e^{-\lambda_2 t} + H_3 \end{aligned}\right\} \text{für} \quad t > \Theta \tag{A 3}$$

Die in den Gleichungen (A 2) und (A 3) auftretenden Konstanten stehen mit den Geschwindigkeitskonstanten und den Anfangswerten in Zusammenhang.

λ_1 und λ_2 sind die Lösungen der sogenannten charakteristischen Gleichung

$$\lambda^2 - (k_{12} + k_{21} + k_{31})\,\lambda + k_{12}k_{31} = 0$$

$$\lambda_{1/2} = \frac{k_{12} + k_{21} + k_{31}}{2} \pm \left[\left(\frac{k_{12} + k_{21} + k_{31}}{2}\right)^2 - k_{12}k_{31}\right]^{1/2}$$

mit

$$E_1 = \frac{(k_{21} + k_{31} - \lambda_2)\left(q_{01} - \dfrac{r}{\lambda_1}\right) - k_{12}q_{02}}{\lambda_1 - \lambda_2}$$

$$E_2 = -\frac{(k_{21} + k_{31} - \lambda_1)\left(q_{01} - \dfrac{r}{\lambda_2}\right) - k_{12}q_{02}}{\lambda_1 - \lambda_2}$$

$$E_3 = \frac{r}{k_{31}}$$

$$F_1 = E_1 + \frac{k_{21} + k_{31} - \lambda_2}{(\lambda_1 - \lambda_2)\,\lambda_1}\, r e^{\lambda_1 \Theta};$$

$$F_2 = E_2 - \frac{k_{21} + k_{31} - \lambda_1}{(\lambda_1 - \lambda_2)\,\lambda_2}\, r e^{\lambda_2 \Theta}$$

$$M_1 = c_1 E_1; \quad M_2 = c_2 E_2; \quad M_3 = -c_1 c_2 E_3$$
$$N_1 = c_1 F_1; \quad N_2 = c_2 F_2$$

$$c_1 = \frac{k_{21} + k_{31} - \lambda_1}{k_{12}} \quad \text{und} \quad c_2 = \frac{k_{21} + k_{31} - \lambda_2}{k_{12}}$$

$$G_1 = -\frac{k_{31}}{\lambda_1} E_1; \quad G_2 = -\frac{k_{31}}{\lambda_2} E_2;$$

$$G_3 = k_{31} E_3; \quad G_4 = q_{03} + k_{31}\left(\frac{E_1}{\lambda_1} + \frac{E_2}{\lambda_2}\right)$$

$$H_1 = -\frac{k_{31}}{\lambda_1} F_1; \quad H_2 = -\frac{k_{31}}{\lambda_2} F_2;$$

$$H_3 = q_3(\Theta) + k_{31}\left(\frac{F_1}{\lambda_1} e^{-\lambda_1 \Theta} + \frac{F_2}{\lambda_2} e^{-\lambda_2 \Theta}\right)$$

Isotopenpraxis **20** (1984) 3, S. 90–93

Präparative Darstellung von hochangereichertem ¹⁵N-markiertem Hefeprotein

K. Wutzke, W. Heine

(Wilhelm-Pieck-Universität Rostock, Bereich Medizin, Kinderklinik)[1]

T. Völker, F. Kreienbring, K. Krawielitzki

(Akademie der Landwirtschaftswissenschaften der DDR, Forschungszentrum für Tierproduktion Dummerstorf-Rostock, Bereich Tierernährung, Oskar-Kellner-Institut)[2]

Es wird ein Verfahren zur biologischen Gewinnung von hochangereichertem ¹⁵N-markiertem Hefeprotein beschrieben. Die besondere Relevanz solcher vollmarkierten Proteine liegt in ihrer Bedeutung für tracerkinetische Stoffwechseluntersuchungen.

A method of biological preparation of highly-enriched yeast protein labelled ¹⁵N is described. The special relevance of such completely labelled proteins results from their importance for tracer-kinetic investigations of metabolism.

Keywords

isotope enriched materials; labelled compounds; nitrogen 15; nitrogen compounds; nutrients; saccharomyces; yeasts

1. Einleitung

Biologisch gewonnene, vollmarkierte und hochangereicherte Proteine aus Nahrungseiweißen sind im Gegensatz zu chemisch synthetisierbaren ¹⁵N-Verbindungen für Traceruntersuchungen in der Human- und Veterinärmedizin vorwiegend aus ökonomischen Gründen kaum im Angebot [1, 2].

Anschriften: [1]) 2500 Rostock 1, Rembrandtstraße 16/17; [2]) 2500 Rostock 1, Justus-von-Liebig-Weg 1

Hier offenbart sich zweifellos eine Lücke, da solche Tracersubstanzen den Proteinstoffwechsel besser repräsentieren als einzelne Aminosäuren.

Hochangereicherte ^{15}N-Proteine können gleichzeitig auch als Ausgangsprodukt für die kostengünstige biologische Gewinnung von markierten Aminosäuren dienen, die sowohl nach saurer als auch nach enzymatischer Hydrolyse aus dem ^{15}N-Hydrolysat mittels Säulenchromatographie isoliert werden können.

Für diese Zwecke sind Hefekulturen besonders prädestiniert, da Hefen alle essentiellen und nichtessentiellen Aminosäuren aus anorganischem Stickstoff synthetisieren können [3, 4]. *Antoni van Leewenhoek* hatte erstmals unter dem Mikroskop Weintrub untersucht und darin Einzeller gefunden, die *H. J. Meyen* später Saccharomyces (Zuckerpilze) nannte. Die Hefen gehören zur Gruppe der fakultativ anaeroben Organismen, die sowohl mit (aerob) als auch ohne Luftsauerstoff (anaerob) leben können.

Wohl und *Scherdel* [5] wiesen in ihrem eine Zeitlang sehr umstrittenen Patent nach, daß man 10—50% des gesamten Stickstoffbedarfs der Hefen in Form von anorganischen Stickstoffsalzen — in der Regel Ammoniumverbindungen — in synthetischen Nährmedien substituieren kann.

Heute weiß man, daß bei Vernachlässigung des N-Gehalts der Hefewuchsstoffe praktisch 99,9% des Stickstoffs im Nährmedium in Form von Ammoniumsalzen eingesetzt werden können. *Crane* und *Neuberger* erzielten auf diese Weise eine 33,5%ige Anreicherung der Hefe mit ^{15}N. Ziel der vorliegenden Arbeit war es, [^{15}N]Hefeproteine mit höherem ^{15}N-Anreicherungsgrad darzustellen.

2. Methodik

2.1. *Zusammensetzung des Hefenährmediums*

Das Hefenährmedium zur Herstellung ^{15}N-markierter Hefe enthält neben Glucose, Mineralsalzen und einer Reihe hochwirksamer Wuchsstoffe $^{15}NH_4Cl$ (95,7 At.-%) als alleinige Stickstoffquelle (Tab. 1) [6—10].

Tab. 1. Zusammensetzung des Hefenährmediums (pro Liter)

Glucose	20 g
KH_2PO_4	2,5 g
Milchsäure	1,7 ml
$MgSO_4 \cdot 7\,H_2O$	0,5 g
$CaCl_2 \cdot 6\,H_2O$	0,25 g
$FeSO_4 \cdot 7\,H_2O$	1 mg
$ZnSO_4 \cdot 7\,H_2O$	1 mg
$MnCl_2 \cdot 4\,H_2O$	1 mg
Thiamin	2 mg
Pyridoxin	2 mg
Inositol	20 mg
Nikotinamid	5 mg
Kalzium-D-Pantothenat	4 mg
D-Biotin	5 µg
$^{15}NH_4Cl$ (95,7 At.-%)	2,39 g

Die Lösung wird mit 2 N NaOH auf *p*H 5 eingestellt und autoklaviert.

2.2. *Herstellungsvorschrift*

100 mg frische abgepreßte Bierhefe (Saccharomyces carlsbergensis) wurden in 2 l Hefenährmedium inokuliert. Als Inkubator diente eine 2,5-l-Gaswaschflasche mit Wasserstrahlpumpenanschluß. Dem Inkubationsgefäß wurde eine 1/2-l-Gaswaschflasche mit verdünnter H_2SO_4 vorgeschaltet. Watte bewährte sich als Luftfilter, da nach Möglichkeit unter sterilen Bedingungen gearbeitet werden sollte. Durch den erzeugten Unterdruck der Wasserstrahlpumpe wurde das Kulturmedium kontinuierlich belüftet und durchmischt. Ein Thermostat sorgte für eine konstante Temperatur von 25 °C. Nach 24, 48 und 52 Stunden wurden je 40 g Glukose hinzugesetzt. Während der 3tägigen Inkubation wurde der *p*H-Wert von Zeit zu Zeit mit Na_2CO_3 auf *p*H 5 korrigiert.

Die Hefe wurde nach insgesamt 3 Tagen durch Zentrifugieren vom Medium getrennt und 5mal mit destilliertem Wasser gewaschen.

2.3. *Stickstoffbestimmung und ^{15}N-Bestimmung*

Die Stickstoffbestimmung erfolgte durch das Naßaufschlußverfahren nach *Kjeldahl* und die emissionsspektrometrische ^{15}N-Bestimmung nach *Faust* [11, 12].

2.4. *Normalhydrolyse und Oxydationshydrolyse*

Die Normalhydrolyse der Hefe erfolgte mit 6 N HCl im Wasserdampfautoklaven 2 h bei 134 °C und einem Druck von 300 kPa [13]. Die schwefelhaltigen Aminosäuren wurden mit Perameisensäure (85%ige Ameisensäure und 30%iges Perhydrol im Verhältnis 9:1) 16 h bei 0—4 °C im Kühlschrank zu Cysteinsäure und Methioninsulfon oxydiert und anschließend wie gewöhnlich hydrolysiert.

2.5. *Säulenchromatische Trennung und quantitative Aminosäurenbestimmung*

Die qualitative und quantitative Aminosäurenbestimmung des ^{15}N-Hefehydrolysats erfolgte durch Ionenaustauschchromatographie mit dem automatischen Aminosäurenanalysator Biotronik LC 4010 mit Zusatzgeräten zur präparativen Trennung [14].

2.6. *Isolierung des ^{15}N-Hefeproteins*

Die gewaschene ^{15}N-markierte Hefe wurde mit wenig Wasser aufgeschlemmt und ca. 30 min intensiv mit Seesand zermahlen. Nach Dekantieren des Zellhomogenats vom Seesand erfolgte eine 12stündige Behandlung mit NaOH bei *p*H 12 und mäßig erhöhter Temperatur von 37 °C [16].

Es empfiehlt sich, in der alkalischen Lösung mit Perhydrol eine schwache Bleichung vorzunehmen.

Nach Abzentrifugieren unaufgeschlossener Hefezellen und der unlöslichen Restzellbestandteile bei 5000 U min^{-1} erfolgte die Proteinfällung vorzugsweise mit 20%iger Trichloressigsäure im Überschuß. Die Behandlung erfolgte 15 min bei Zimmertemperatur und weitere 15 min bei 90 °C. Das gefällte Hefeprotein wurde danach zuerst mit heißer 5%iger Trichloressigsäure und anschließend mehrfach mit wenig destilliertem Wasser gewaschen.

Schließlich wurde das Hefeprotein in Wasser aufgeschwemmt und bei —20 °C eingefroren.

3. Ergebnisse

Die Gesamtausbeute an abzentrifugierter Preßhefe betrug 55 g. Durch Stickstoffbestimmung der Hefe und des Reststickstoffgehaltes des verbrauchten Nährmediums konnte eine ^{15}N-Inkorporation der Hefe aus dem $^{15}NH_4Cl$ von 85,5% ermittelt werden. Die qualitative und quantitative Aminosäurenbestimmung gelang an insgesamt 17 bzw. 18 Aminosäuren (vgl. Tab. 2).

Tab. 2. Qualitative und quantitative Aminosäurenbestimmung der [^{15}N]Hefe

As	[^{15}N]Hefe g/16 g N	Referenzhefe [15] g/16 g N
Ile	3,66	5,8
Tyr	2,55	4,1
His	2,09	2,5
Lys	6,41	9,0
Phe	3,51	4,8
Val	4,62	7,3
Gly	3,67	4,8
Ser	4,19	5,8
Leu	5,96	8,0
Pro	2,83	3,9
Ala	5,24	6,8
Cys	1,09	0,9
Met	1,23	1,6
Asp	8,06	10,9
Glu	10,20	10,7
Arg	5,58	5,0
Thr	4,27	5,5
Try*)	0,66	–

*) mikrobiologisch bestimmt

Die emissionsspektrometrische ^{15}N-Bestimmung der Gesamthefe und des [^{15}N]Hefeproteins lieferte mit 95,1 At.-% sowohl nach Direktbestimmung als auch nach Isotopenverdünnungsanalyse [12] völlig übereinstimmende Werte.

Damit lagen die ^{15}N-Häufigkeiten der Gesamthefe und des Hefeproteins mit jeweils 95,1 At.-% nur um 0,6 At.-% unter der ^{15}N-Häufigkeit des eingesetzten $^{15}NH_4Cl$ mit 95,7 At.-%.

Dadurch konnte eine relative Gesamtausbeute von 30% bezüglich des Transfers von anorganischem [^{15}N]Ammoniumchlorid zu organischem ^{15}N-Protenstickstoff ermittelt werden. Die absolute ^{15}N-Hefeprotein-Ausbeute aus 2 l Nährmedium mit 4,78 g $^{15}NH_4Cl$ als N-Quelle betrug 2,43 g [^{15}N]Hefeeiweiß. Das Verhältnis von eingesetztem [^{15}N]-Ammoniumchlorid zu gewonnenem [^{15}N]Hefeeiweiß in Gramm lag somit bei 2:1.

4. Diskussion

Wir nutzten die Eigenschaften der Saccharomyceten, ihren Stoffwechsel je nach äußeren Lebensbedingungen von der anaeroben Form der Gärung in die aerobe Form der Atmung umzustellen, in dem wir die inokulierte Hefekultur im Medium intensiv belüfteten [17–20].

Um die Isotopenverdünnung unter allen Umständen zu minimieren, wurde dem eigentlichen Inkubator eine Gaswaschflasche mit verdünnter H_2SO_4 zur Luftammoniakabsorption vorgeschaltet. Da allgemein das Wachsen einer Hefekultur von der Produktion organischer und anorganischer Säuren begleitet wird, mußte der *p*H-Wert zur Optimierung der Wachstumsbedingungen ständig korrigiert werden.

Zur Zerstörung der Zellwand erwies sich das Zerreiben der Zellen mit Seesand in einer Zellmühle als besonders geeignet.

Durch die Behandlung des Zellhomogenats mit NaOH gehen das Eiweiß und seine Abbauprodukte in Lösung, während Hefegummi und sonstige andere Kohlenhydrate ungelöst bleiben (21–24).

Durch überschüssigen Säurezusatz ist es möglich, sowohl die Albumine als auch die Globuline auszufällen, während die niedrigmolekularen Eiweißabbauprodukte in Lösung bleiben. Zur quantitativen Extraktion der Hefenucleinsäuren erfolgte die Behandlung mit Trichloressigsäure vorzugsweise 15 min bei 90 °C.

Zweckmäßig war es, mit Rücksicht auf eine leichtere Löslichkeit des Eiweißes in Wasser, für die spätere Verwendung keine Trocknung vorzunehmen [25].

Wie aus Tab. 2 hervorgeht, lieferte die quantitative Aminosäurebestimmung der [^{15}N]Hefe im Vergleich mit unmarkierter Referenzhefe bis auf die schwefelhaltigen Aminosäuren und Arginin kleinere Werte.

Dennoch war die erzielte ^{15}N-Häufigkeit von 95,1 At.-% überraschend hoch und stellte in dieser Größenordnung zweifellos ein Novum dar. Mit Sicherheit wirkt sich der Isotopieeffekt bzw. der Massenunterschied von ^{14}N und ^{15}N von 7% nicht in dem Maße auf das Wachstum der Hefen aus, wie der Massenunterschied zwischen Wasserstoff und Deuterium von 100%.

Bekannt ist, daß schweres Wasser schon bei Anreicherungen von 20 At.-% auf *Saccharomyces-cerevisiae*-Kulturen deutlich wachstumshemmende Wirkungen hat [26].

Resümierend kann gesagt werden, daß für tracerkinetische Stoffwechseluntersuchungen in der Human- und Veterinärmedizin hochangereicherte und vollmarkierte [^{15}N]Eiweiße von großer Relevanz sind.

Der gravierende Vorteil bei der Applikation des schweren Stickstoffisotops in Form eines Proteins gegenüber einer einzelnen Aminosäure liegt in der Tatsache, daß hier die gleiche ^{15}N-Dosis auf ca. 20 Aminosäuren verteilt ist, während sie nach Gabe einer einzelnen Aminosäure nur als deren α-Amino-N verabreicht wird.

Bisher war lediglich der Preis solcher hochmarkierten Proteine limitierend für deren Einsatz in der Human- und Veterinärmedizin. Das ^{15}N-markierte Hefeprotein ist aus dieser Sicht eine echte Alternative zur Verwendung des herkömmlichen [^{15}N]Glycins als Tracer [27].

Eingegangen am 25. 5. 1983

Literatur

[1] *H. Faust, K. Jung, P. Krumbiegel*, Isotopenpraxis **17** (1980) 193
[2] *W. Heine, I. Richter, Chr. Plath, K. Wutzke, F. Oswald, S. Oswald, J. Töwe*, J. pediatr. Gastroenterol. & Nutrit. (1983) im Druck
[3] *P. M. Roll, G. B. Brown, F. J. Di Carlo, A. S. Schultz*, J. biol. Chem. **180** (1949) 333
[4] *M. D. Mann, I. D. Hill, G. M. Peat, M. D. Bowie*, Arch. Dis. Child. **57** (1982) 268
[5] *A. Wohl, S. Scherdel*, DR-Patentschrift Nr. 300662 (1915)
[6] *C. W. Crane, A. Neuberger*, Brit. med. J. **2** (1960) 815
[7] *C. W. Crane, A. Neuberger*, Brit. med. J. **2** (1960) 888
[8] *C. W. Crane, A. Neuberger*, Biochem. J. **74** (1960) 313
[9] *M. H. N. Golden, J. C. Waterlow, D. Picou*, in: Nitrogen metabolism in man. *J. C. Waterlow, J. M. L. Stephen* (ed.). London and New Jersey: Applied Science Publishers 1981, 269–273
[10] *G. S. Sharp, S. Lassen, S. Shankmann, A. S. Gebhart* jr., *J. W. Hazlet*, J. Nutrit. **58** (1956) 442
[11] *H. Faust, H. Bornhak, K. Hirschberg, K. Jung, P. Junghans, P. Krumbiegel, R. Reinhardt*, ZfI-Mitteilungen Nr. 36, Leipzig 1981
[12] *H. Faust, G. Müller, H. J. Störl*, Isotopenpraxis **12** (1976) 205
[13] *F. Kreienbring, J. Wünsche*, Tag.-Ber., Akad. Landwirtsch.-Wiss. DDR, Berlin **142** (1976) 27
[14] *K. Krawielitzki, T. Völker*, Isotopenpraxis **14** (1978) 152
[15] *J. R. Geigy*, Wissenschaftliche Tabellen, 4. Aufl. Ciba-Geigy Limited, Basel 1977
[16] *R. S. Aries*, USA-Patentschrift Nr. 2603630 (1948) Kl.: 260-112
[17] *F. Reif, R. Kautzmann, H. Lüers, M. Lindemann*, Die Hefen. Bd. I: Die Hefen in der Wissenschaft. Nürnberg: Verlag Hans Carl 1960

[18] *F. Reif, R. Kautzmann, H. Lüers, M. Lindemann*, Die Hefen. Bd. II: Technologie der Hefen. Nürnberg: Verlag Hans Carl 1962

[19] *J. Lodder*, The yeasts. Amsterdam – London: North-Holland Publ. Comp. 1971

[20] *H. J. Rehm*, Industrielle Mikrobiologie. Berlin – Heidelberg – New York: Springer Verlag 1967

[21] *F. Fleischmann, K. Riederle*, DDR-Patentschrift Nr. 1078 (1953) Kl.: 6 a 22/06, IPK: C12C 11/18

[22] *F. Fleischmann, K. Riederle*, DDR-Patentschrift Nr. 3199 (1953) Kl.: 6 a 22/06, IPK: C12C 11/18

[23] *E. Rabald, A. Hagedorn, C. H. Böhringer* & Söhne, DR-Patentschrift Nr. 734336 (1943), Kl.: 6 a 22/06, IPK: C12C 11/18

[24] *E. Rabald, A. Hagedorn, C. H. Böhringer* & Söhne, DR-Patentschrift Nr. 749134 (1952), Kl.: 6 a 22/06, IPK: C12C 11/18

[25] *E. A. Robbins*, USA-Patentschrift Nr. 116135 (1975) IPK: A 23 J 1/18

[26] *G. Hübner, K. Jung, E. Winkler*, Die Rolle des Wassers in biologischen Systemen. Pergamon Press – Oxford/Vieweg & Sohn – Braunschweig/Akademie Verlag – Berlin 1970

[27] *K. Wutzke, W. Heine, U. Drescher, I. Richter, Chr. Plath*, Human Nutrit.: Clin. Nutrit. 37C (1983) 317

Isotopenpraxis 20 (1984) 3, S. 93–97

Entwicklung eines Extraktionsverfahrens zur Gewinnung von Technetium und Palladium aus der Abfallösung der Kernbrennstoffwiederaufbereitung

Teil 1: Die Extraktion von Technetium und Palladium mit Tri-n-octylamin

B. Gorski, M. Gründig, M. Richter

(Zentralinstitut für Isotopen- und Strahlenforschung der AdW der DDR)[1])

Unter dem Aspekt der Entwicklung eines technischen Trennverfahrens für die Gewinnung der Spaltprodukte Technetium und Palladium aus der Abfallösung der Kernbrennstoffwiederaufarbeitung wurden Untersuchungen zur Extraktion mit Tri-n-octylamin (TOA), welches in CCl_4 gelöst war, durchgeführt. Es wurden Verteilungskoeffizienten von Tc und Pd aus salpetersaurer Lösung in Abhängigkeit von der TOA-, der Säure- und der Metallkonzentration ermittelt, sowie der Einfluß der Nitratkonzentration und der Temperatur untersucht. Weiterhin wurden die Möglichkeiten einer selektiven Reextraktion erforscht.

Investigations were made of the extraction of Technetium and Palladium by means of tri-n-octylamin, solved in CCl_4, with regard to the production of these fission products from the waste solution of nuclear fuel reprocessing. Distribution coefficients of Tc and Pd were determinated from nitric acid as function of TOA-, acid- and metal concentration and the influence of the nitrat concentration and the temperature was studied. The possibilities of selective reextraction were investigated for both elements.

Keywords

fission products; palladium; radioactive waste processing; solvent extraction; technetium; tetrachloromethane; TOA

1. Einleitung

In den Abfallösungen, die bei der Wiederaufbereitung von Kernbrennstoffen anfallen, befindet sich eine Reihe von Spaltprodukten, deren Abtrennung auf Grund ihrer Eigenschaften von volkswirtschaftlichem Interesse ist. Dazu gehören das in der Natur nicht vorkommende Element Technetium sowie das Edelmetall Palladium [1].

Beim gegenwärtigen Stand der Nutzung von Kernenergie in der DDR mit einer Leistung von ca. 2 GW fallen jährlich ca. 70 t abgebrannte Brennelemente an, die 2,6 t Spaltprodukte, davon ca. 96 kg Pd und ca. 62 kg Tc, enthalten.

Über die Möglichkeiten der Abtrennung dieser Elemente aus den Abfallösungen der Kernbrennstoffwiederaufarbeitung wurde in einer Reihe von Übersichtsarbeiten zusammenfassend berichtet [2–4].

Die meisten der entwickelten Verfahren zeichnen sich durch hohen Materialverbrauch und Kompliziertheit aus und sind für die Realisierung eines technischen Prozesses nur bedingt geeignet, da sie eine aufwendige und meist diskontinuierliche Technologie erfordern.

In den letzten Jahren wurden weitere Ergebnisse über mögliche Verfahren der Palladium- und Technetiumabtrennung in der Literatur vorgestellt [5–8].

In der vorliegenden Arbeit soll die Möglichkeit der extraktiven Abtrennung der beiden Spaltprodukte mit Tri-n-octylamin (TOA) untersucht werden. Es ist bekannt, daß sowohl Tc als auch Pd mit tertiären Aminen bzw. quaternären Ammoniumsalzen gut extrahierbare Verbindungen bilden [9, 10].

Die Extraktionsbedingungen unter den konkreten Gegebenheiten der Spaltproduktabfallösungen sollen hier betrachtet und durch möglichst selektive Rückextraktion die Trennung der beiden Elemente voneinander mit hoher Reinheit erreicht werden.

Extraktionsverfahren besitzen im Vergleich zu Sorptionsverfahren technologische Vorteile, da die Technologie der Extraktion unter heißen Bedingungen im Zusammenhang mit der Kernbrennstoffwiederaufbereitung bereits entwickelt und erprobt wurde.

Bei der Auswahl des Extraktionssystems TOA/CCl_4 wurden folgende Kriterien berücksichtigt:

[1]) Anschrift: 7050 Leipzig, Permoserstraße 15

- Möglichkeit der Abtrennung von Tc und Pd direkt aus der salpetersauren Abfallösung der Kernbrennstoffwiederaufarbeitung ohne Veränderung der Lösung durch Zusätze;
- ausreichende Slektivität und Effektivität der Abtrennung;
- ausreichende Strahlenresistenz des Extraktionsmittel/Lösungsmittel-Gemisches;
- ausreichende Löslichkeit des Amins im Lösungsmittel (die für eine effektive Trennung notwendige Aminkonzentration von 0,5 Mol/l kann im System TOA/CCl_4 im Gegensatz zu aliphatischen Verdünnern ohne zusätzliche Lösungsvermittler erreicht werden);
- günstige hydrodynamische Eigenschaften des Zweiphasensystems.

Wegen seiner guten Extraktionseigenschaften, seiner ausreichenden Löslichkeit in organischen Lösungsmitteln, der geringen Wasserlöslichkeit und der hohen Strahlenresistenz wurde das Tri-n-octylamin (TOA) für die Untersuchungen ausgewählt. Ähnlich gute Effekte lassen sich aber auch mit einer Reihe weiterer tertiärer Amine erreichen [11].

2. Experimentelles

Für die Untersuchungen wurden sämtlich p.a.-Reaktive verwendet, wie Tri-n-octylamin der Firma Merck-Schuchardt und $NH_4{}^{99}TcO_4$ das Radiochemical Centre Amersham.

Die Verteilungskoeffizienten wurden durch Einsatz von ^{99m}Tc und ^{103}Pd der Isocommerz GmbH Berlin bestimmt. Die Messungen erfolgten mit β-Szintillationssonden bzw. mit einem NaJ(Tl)-Bohrlochszintillator in Verbindung mit einem Strahlenmeßplatz.

Die Palladiumnitratlösungen wurden wie in [12] beschrieben hergestellt; für die Bestimmung der Palladiumkonzentration wurde eine spektralphotometrische Methode mit Bismuthiol I eingesetzt [13].

Die Extraktion erfolgte bei Zimmertemperatur in Schüttelgefäßen bei einem Phasenverhältnis von 1:1. Für die Gleichgewichtseinstellung sind nur wenige Minuten erforderlich; die Schüttelzeit betrug 15 min. Die Salpetersäureverteilung wurde durch *p*H-Titration bestimmt.

3. Ergebnisse und Diskussion

3.1. *Extraktion*

Die Spaltproduktgemische fallen als salpetersaure Lösungen an. Die Extraktion von Säuren und Metallsalzen mit Aminen wird in [9] ausführlich behandelt. Die Salpetersäureverteilung in TOA/CCl_4 wurde von uns [14, 15] näher betrachtet.

Die Extraktion von Metallsalzen mit Aminen kann über eine Reihe von Mechanismen erfolgen [9]:

- Bildung von Koordinationsverbindungen
  Nach dieser Reaktion können Metallsalze extrahiert werden, die die Fähigkeit zur Bildung einfacher Koordinationsbindungen Metall—Stickstoff besitzen, z.B. die Platinmetalle.
- Bildung von Komplexen des Typs Doppelsalz
  Man unterscheidet hierbei
  - die Reaktion der Anlagerung
  - die Reaktion des Anionenaustausches bzw.
  - gleichzeitige Reaktion der Anlagerung und des Anionenaustausches.

Technetium liegt in salpetersauren Abfallösungen als TcO_4^- vor. Als Mechanismus der Extraktion des TcO_4^- durch Tri-n-octylamin wird der Anionenaustausch vorgenommen.

$$TcO^-_{4_w} + TOAHNO_{3_o} \rightleftharpoons TOAHTcO_{4_o} + NO^-_{3_w} \quad (1)$$

Da der Ionenzustand des Palladiums in der salpetersauren Abfallösung weitgehend ungeklärt war, wurden von uns Elektromigrationsuntersuchungen durchgeführt. Zum Vergleich wurde der Ionenzustand des Palladiumchlorokomplexes untersucht, der auf Grund seiner negativen Ladung eine Wanderung zur Anode zeigte. Im Vergleich dazu wandert in Salpetersäure gelöstes Palladiumnitrat bei geringeren Säurestärken (bis 4 N) zur Katode, es liegen demzufolge positiv geladene Spezies vor. Die Migration nimmt dabei mit zunehmender Salpetersäurekonzentration ab. Bei höherer Salpetersäurekonzentration erfolgt keine Migration mehr, so daß ein Neutralkomplex angenommen werden kann. Nach diesen Untersuchungen und ausgehend von der Tatsache, daß die Edelmetalle in der Lage sind, stabile koordinative Bindungen Metall—Stickstoff einzugehen [16], kommt für die Extraktion des Palladiums aus salpetersauren Lösungen als Mechanismen die Bildung einer Koordinationsverbindung in Frage.

$$Pd(NO_3)_{2_w} + n\,TOAHNO_{3_o} \rightleftharpoons [Pd(TOA)_n(NO_3)_2]_o + n\,H^+_w + n\,NO^-_{3_w} \quad (2)$$

Hier wurden die Haupteinflußfaktoren auf die Technetium- und Palladiumextraktion, wie die Konzentrationen der Salpetersäure, des Extraktionsmittels, der Metalle, des Aussalzers und der Temperatur, untersucht.

Die erhaltenen Ergebnisse sind aus den Abb. 1—3 zu ersehen. Wie zu erwarten war, nimmt der Extraktionsgrad mit steigender HNO_3-Konzentration für beide Elemente ab (Abb. 1).

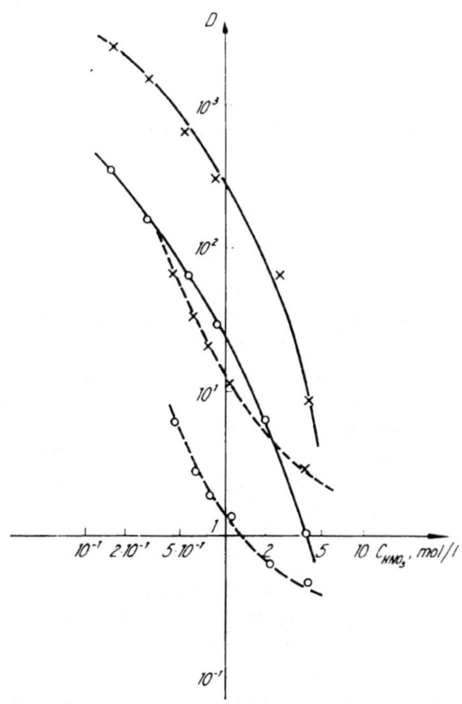

Abb. 1. Verteilungskoeffizint (*D*) von Technetium und Palladium in Abhängigkeit von der Salpetersäurekonzentration

Tc: Einsatzkonzentration $1{,}93 \cdot 10^{-4}$ mol/l; ——×—— — 0,5 M TOA/CCl_4; ——○—— — 0,1 M TOA/CCl_4
Pd: Einsatzkonzentration $6{,}19 \cdot 10^{-3}$ mol/l; — — × — — — 0,5 M TOA/CCl_4; — — ○ — — — 0,1 M TOA/CCl_4

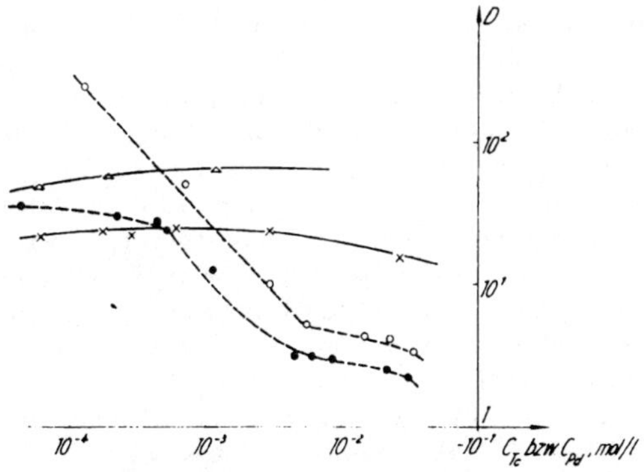

Abb. 2. Verteilungskoeffizient (D) mit 0,5 M TOA/CCl_4 von Technetium und Palladium in Abhängigkeit von der Metalleinsatzkonzentration

Tc: ---×--- C_{HNO_3}: 3,1 mol/l; ---△--- C_{HNO_3}: 1,9 mol/l
Pd: --●-- C_{HNO_3}: 3,0 mol/l; --○-- C_{HNO_3}: 1,78 mol/l

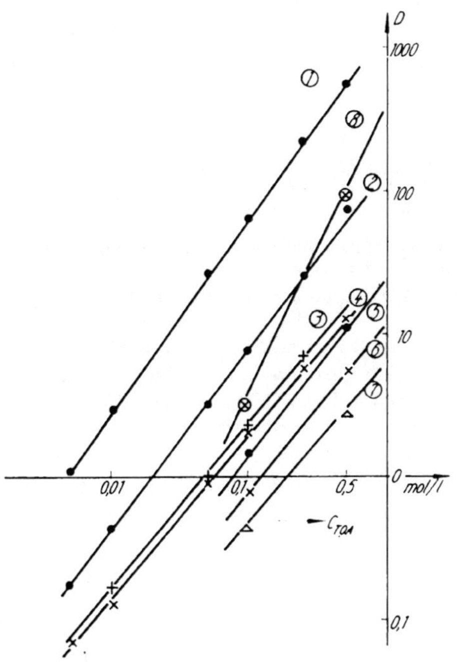

Abb. 3. Verteilungskoeffizinet (D) von Technetium und Palladium in Abhängigkeit von der eingesetzten Aminkonzentration, der Säurekonzentration und der Ionenstärke μ im Gleichgewicht (D_{Tc}) bzw. der Palladiumeinsatzkonzentration (D_{Pd})

D_{Tc}: **1** – C_{HNO_3} = 0,54 mol/l, kein Salzzusatz; **2** – C_{HNO_3} = 0,54 mol/l, μ = 3,0; **3** – C_{HNO_3} = 3,1 mol/l, kein Salzzusatz; **4** – C_{HNO_3} = 3,1 mol/l, μ = 3,1
D_{Pd}: **5** – C_{HNO_3} = 1,0 mol/l, $C_{Pd} = 6{,}2 \cdot 10^{-3}$ mol/l; **6** – C_{HNO_3} = 2,0 mol/l $C_{Pd} = 6{,}2 \cdot 10^{-3}$ mol/l; **7** – C_{HNO_3} = 3,6 mol/l, $C_{Pd} = 6{,}2 \cdot 10^{-3}$ mol/l; **8** – C_{HNO_3} = 2,0 mol/l, $C_{Pd} = 4{,}6 \cdot 10^{-4}$ mol/l

Im praktisch interessanten Bereich (1–5 N HNO_3) sind die Verteilungskoeffizienten aber noch so hoch, daß mit wenigen Stufen eine vollständige Tc- und Pd-Extraktion möglich wird. Um über die Eignung des Extraktionsmittels im technischen Prozeß zu entscheiden, sind Einschätzungen über seine Kapazität erforderlich. Dazu wurden die Isothermen der Palladium- und Technetiumextraktion aufgenommen bzw. die Abhängigkeit der Verteilungskoeffizienten von der Metallkonzentration bestimmt (Abb. 2).

Von der Tc-Konzentration ist die Extraktion in dem von uns untersuchten Bereich kaum abhängig. Bei einer Beladung des Amins bis 20% (10^{-1} M TcO_4^-) bleiben die Verteilungskoeffizienten praktisch konstant.

Ein anderes Bild ergibt sich für Palladium. Im dem hier interessierenden Konzentrationsbereich von 0,5–3 g Pd/l (Palladiumkonzentrationen in Kernbrennstofflösungen) erhält man bei gegebener Aminkonzentration nahezu konstante Verteilungskoeffizienten, d. h., wir befinden uns im linearen Bereich der Isotherme. Erst bei Palladiumgehalten $> 3 \cdot 10^{-2}$ M nehmen die Verteilungswerte ab und es kommt zur Sättigung. Das Interessante ist aber, daß bei niederen Palladiumkonzentrationen die Verteilungskoeffizienten stark ansteigen. Dieser Effekt kann wie folgt gedeutet werden. Im System Pd^{2+}, HNO_3/TOA, CCl_4 kann es auf Grund vorhandener Chloridionen zur Bildung anionischer Palladiumkomplexe kommen, die bekanntlich durch tertiäre Amine besser extrahierbar sind als Palladiumnitratspezies. Da der Effekt aber auch im chloridfreien Medium auftritt (beim Einsatz aromatischer Verdünnungsmittel), scheint er auf Verunreinigungen im Extraktionsmittel zurückzuführen sein. Als solche Verunreinigungen könnten quaternäre Ammoniumsalze (QAS) fungieren, die sämtlich höhere Verteilungskoeffizienten für Palladium zeigen als die tertiären Amine [11]. In diesem Zusammenhang wurde die Palladiumextraktion mit den technischen Produkten Alamin 336, Aliquat 336 und Trilaurylamin (TLA) untersucht. Die Ergebnisse (Tab. 1) zeigen die deutlich höheren Werte für das quaternäre Ammoniumsalz. Bei sehr kleinen Palladiumkonzentrationen ($C_{Pd} < C_{QAS}$) bleiben die Verteilungskoeffizienten wieder konstant. Diese Tatsache erschwert in gewisser Weise die Ermittlung der Zusammensetzung der extrahierten Spezies des Pd auf der Grundlage der bekannten Slope-Analysen, d. h. aus der Abhängigkeit des Verteilungskoeffizienten von der Konzentration des Extraktionsmittels (Abb. 3). Für die mathematische Auswertung und Modellierung des Extraktionsprozesses [17] wurden die Verteilungskoeffizienten für TcO_4^- in Abhängigkeit von der Extraktionsmittelkonzentration bei konstanter Ionenstärke bestimmt. Die Ionenstärke in der wäßrigen Phase wurde mit $NaNO_3$ eingestellt. In jedem Fall ergibt sich für Tc ein mittleres Verhältnis $HTcO_4$:TOA von etwa 1:1.

Für Palladium ergibt sich ein stöchiometrisches Verhältnis Pd:TOA von etwa 1:1 bei höherer Palladiumkonzentration. Bei niedriger Palladiumkonzentration erfolgt ein Übergang zum Verhältnis 1:2.

Weiterhin wurde der Einfluß der Nitratkonzentration und der Temperatur auf die Palladium- und Technetiumextraktion untersucht. Die Konzentration von nichtextra-

Tab. 1. Verteilungskoeffizienten von Pd mit verschiedenen Produkten ($C_{Extraktionsmittel}$: 0,5 M) Verdünner: CCl_4

Amin bzw. QAS	Zusammensetzung	C_{HNO_3} M	C_{Pd} M	D_{Pd}
TOA	$(C_8H_{17})_3N$	0,7	$4{,}28 \cdot 10^{-3}$	25
TLA	$(C_{12}H_{25})_3N$	0,7	$4{,}28 \cdot 10^{-3}$	23
Alamin 336	$(C_8H_{17}-C_{10}H_{21})_3N$	0,7	$4{,}28 \cdot 10^{-3}$	50
Aliquat 336	$(C_8H_{17}-C_{10}H_{21})_3N \cdot CH_3$	0,7	$4{,}28 \cdot 10^{-3}$	180

Tab. 2. Temperaturabhängigkeit der Verteilungskoeffizienten von Technetium und Palladium
Extraktionsmittel: 0,5 M TOA/CCl_4, $C_{HNO_3} = 2$ M

Temperatur °C	C_{Pd} mol/l	D_{Pd}	C_{Tc} mol/l	D_{Tc}
20	$1{,}0 \cdot 10^{-3}$	21,2	$1{,}2 \cdot 10^{-3}$	65,8
30	—	—	$1{,}2 \cdot 10^{-3}$	42,1
50	$1{,}0 \cdot 10^{-3}$	50,0	$1{,}2 \cdot 10^{-3}$	36,1
70	$1{,}0 \cdot 10^{-3}$	55,5	$1{,}2 \cdot 10^{-3}$	32,9

hierbaren Fremdsalzen wie $NaNO_3$ wirkt sich kaum auf die Verteilungswerte aus, wobei die Tendenz für Tc entsprechend dem Anionenaustauschcharakter für den Extraktionsmechanismus schwach sinkend ist, für Palladium dagegen schwach steigend. Mit Erhöhung der Temperatur steigen die Verteilungskoeffizienten für Palladium, während sie für Technetium abnehmen (Tab. 2). Entsprechend [9] werden für die Enthalpien der Extraktionsprozesse mit Aminen im wesentlichen negative Werte gefunden, eine Ausnahme macht die Extraktion des Rutheniumnitrosylnitrats mit TOA, wobei aber Gleichgewichtsverschiebungen zwischen den verschiedenen möglichen Formen der Rutheniumnitrosylkomplexe eine Rolle spielen können. Das Verhalten des Palladiums in Abhängigkeit von der Temperatur muß somit als ungewöhnlich bezeichnet werden und kann nur auf vermutete Nebenreaktionen mit Chlorionen zurückgeführt werden.

Für den technischen Prozeß der Abtrennung von Technetium und Palladium aus hochaktiven Kernbrennstofflösungen, die infolge der Eigenerwärmung höhere Temperaturen besitzen, bedeuten die Ergebnisse, daß die Effektivität der Palladiumextraktion zunimmt und die bei Normaltemperatur vergleichsweise zum Pd höhere Technetiumextraktion abnimmt. Die dabei erhaltenen Werte sind aber für die Realisierung des Extraktionsprozesses noch ausreichend hoch.

3.2. *Rückextraktion*

Entsprechend den erhaltenen Extraktionsergebnissen und auf der Grundlage der betrachteten Extraktionsmechanismen kann die Rückextraktion des Technetiums aus der Aminphase mit Laugen (NaOH, NH_4OH) durchgeführt werden. Dabei erfolgt eine Deprotonisierung des Aminstickstoffs, so daß das Amin seine Exktrationsfähigkeit verliert. Palladium dagegen kann weder mit Laugen noch mit starken Säuren aus der Aminphase zurückgewonnen werden. Es wurde deshalb der Einsatz von Reagenzien untersucht, die mit Palladium stabile Komplexverbindungen

Tab. 3. Pd-Rückextraktion mit 0,1 M $CS(NH_2)_2$ in 0,1 M HNO_3 nach der Extraktion mit 0,5 M TOA/CCl_4 aus 3 M HNO_3

C_{Pd} mol/l	D_{Pd}	Anteil des extrahierten Pd in der $CS(NH_2)_2$-Lösung %
$2{,}2 \cdot 10^{-2}$	2,8	97
$4{,}5 \cdot 10^{-3}$	3,1	99
$1{,}1 \cdot 10^{-3}$	12,9	98
$4{,}5 \cdot 10^{-4}$	26,8	>99
$2{,}2 \cdot 10^{-4}$	28,3	>99
$0{,}5 \cdot 10^{-4}$	34,4	>99

eingehen. Zunächst wurde das aus der Palladiumanalytik bekannte Dimethylglyoxim (DMGO) betrachtet. Bei der Filtration der organischen Phase über mit DMGO beladene Aktivkohle ist eine quantitative Abtrennung des Palladiums aus der Aminphase möglich. Auf Grund der geringen DMGO-Löslichkeit in Wasser ist aber die Realisierung eines Rückextraktionsschrittes im System organisch — wäßrig nicht realisierbar. Hohe Affinität zum Palladium zeigen schwefelhaltige Liganden, und beim Einsatz von wäßrigen Thioharnstofflösungen kommt es zur quantitativen Palladiumrückextraktion (Tab. 3 und Abb. 4).

Die Technetiumrückextraktion kann dann mit 1 M NaOH bzw. 1 M NH_4OH erfolgen, wobei nach der gemeinsamen Pd-Tc-Extraktion und anschließender Pd-Rückextraktion mit Thioharnstoff die Effektivität der Tc-

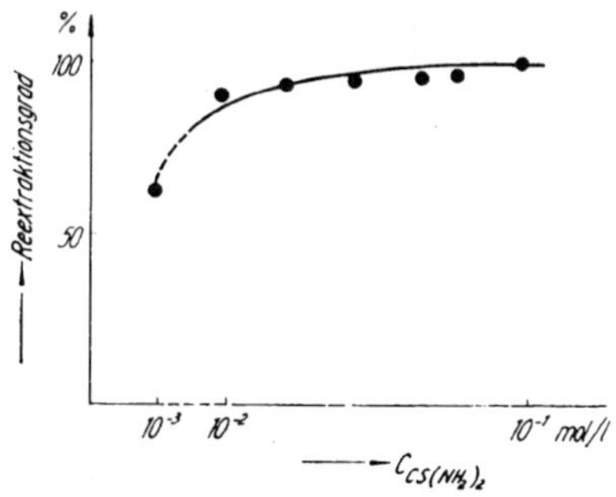

Abb. 4. Reextraktion von Palladium in Abhängigkeit von der Thioharnstoffkonzentration
organ. Phase: 0,5 M TOA/CCl_4, $C_{Pd} = 4{,}65 \cdot 10^{-4}$ mol/l

Tab. 4. Tc-Reextraktion mit ammoniakalischen Rhodanidlösungen nach der Extraktion mit 0,5 M TOA/CCl_4 aus 3 M HNO_3

C_{NH_4SCN}, mol/l bei $C_{NH_4OH} = 2$ mol/l	Reextraktionsgrad %
0,1	99,59
0,5	99,85
0,75	99,92
1,0	99,89
2,0	99,81
C_{NH_4OH}, mol/l bei $C_{NH_4SCN} = 0{,}75$ mol/l	
0,5	89,20
1,0	99,78
2,0	99,81
3,0	99,84
4,0	99,83
C_{NH_4SCN}, mol/l bei $C_{NH_4OH} = 1$ mol/l	
0,1	97,79
0,2	98,59
0,4	99,05

Rückextraktion wesentlich verbessert wird; allerdings verschlechtert sich die Kinetik der Rückextraktion mit steigender Anzahl von Extraktionszyklen.

Mehrfach eingesetzes TOA zeigt eine so langsame Technetiumrückextraktion mit NH_4OH, daß der technische

Prozeß zum Erliegen kommt. Es wurden deshalb weitere Systeme wie Hydrazin- und Rhodanidlösungen untersucht. Befriedigende Ergebnisse erhält man mit ammoniakalischer Ammoniumrhodanidlösung. Auf Grund der erhaltenen Ergebnisse (Tab. 4) wurde für den Technetiumrückextraktionsprozeß eine Lösung von 0,4 M NH_4SCN in 1 M NH_4OH ausgewählt. Die Untersuchung der Temperaturabhängigkeit auf die Rückextraktion ergab im Bereich zwischen 20 °C und 70 °C weder einen signifikanten Einfluß für Palladium und Technetium im einzelnen noch für die Selektivität der Trennung der beiden Elemente voneinander.

Schlußfolgerungen

Die Ergebnisse zeigen, daß sowohl Palladium als auch Technetium mit ausreichender Effektivität aus Salpetersäurelösungen mit Tri-n-octylamin bei dessen relativ hoher Konzentration extrahiert werden können. Die notwendige Zahl der Stufen für die quantitative Extraktion hängt stark von der Zusammensetzung der Ausgangslösung hinsichtlich Säurekonzentration und für Palladium von der Metallkonzentration ab. Im Prozeß der Rückextraktion ist die Trennung des Palladiums vom Technetium möglich. Im folgenden muß die Selektivität der Pd-Tc-Extraktion gegenüber weiteren Spaltprodukten untersucht werden.

Eingegangen am 20. 7. 1983

Literatur

[1] *M. Beer, B. Gorski, M. Hennrich, G. Pfrepper, M. Richter,* ZfI-Mitteilungen Nr. 55, 1982
[2] *B. Gorski, G. Pfrepper, W. Heyne, D. Nebel,* Isotopenpraxis **14** (1978) 137
[3] *V. Kourim, O. Vojtech,* At. Energy Rev. **12** (1975) 215
[4] XN-FR-ER-2 (Rev. 1) (1978)
[5] *F. Macasek,* Proc. ISEC-80/139, Vol. 3, 1–10, Liege 1980
[6] *B. Gorski, M. Richter, M. Hennrich,* Wirtschaftspatent der DDR 145 909 (1979), 154 970 (1980)
[7] *G. Pfrepper, R. Liebmann,* Kernenergie (im Druck)
[8] *L. D. McIsaac,* Sep. Sci. Technol. **17** (1982) 387
[9] *V. S. Schmidt,* Ekstrakzija Aminami. Moskva: Atomisdat, 1980
[10] *E. P. Horwitz, W. H. Delphin,* UK Patent Appl., GB 2011696 A (1978)
[11] *M. Beer, B. Gorski,* ISEC 1983, eingereicht
[12] *B. Gorski,* Isotopenpraxis **17** (1981) 416
[13] *N. Gorski,* IX, Radiochemische Konferenz, Piestany, ČSSR, 1978
[14] *M. Richter, M. Hennrich,* Isotopenpraxis **11** (1978) 377
[15] *M. Richter, E. Meinhold,* Isotopenpraxis **14** (1978) 418
[16] *A. S. Tschernobrov, L. M. Gindin, V. A. Afanasjeva,* Isv. Sib. Otd. AN SSSR, Ser. Chim. 6 (1976) 14,40
[17] *K. Zieger,* in Vorbereitung

Isotopenpraxis **20** (1984), 3 S. 97–100

Entwicklung eines Extraktionsverfahrens zur Gewinnung von Technetium und Palladium aus der Abfallösung der Kernbrennstoffwiederaufbereitung
Teil 2: Selektivitätsuntersuchungen und Testung einer Laboranlage

M. Richter, B. Gorski, M. Gründig

(Zentralinstitut für Isotopen- und Strahlenforschung der AdW der DDR)[1]

Nachdem im Teil 1 (vorstehender Beitrag) über Ergebnisse der Verteilungsuntersuchung zur Extraktion von Tc und Pd mit Tri-n-octylamin in CCl_4 berichtet wurde, werden im hier vorliegenden Teil die Extraktionsisothermen aus einer Modellösung, welche die Abfallösung simuliert, angegeben und Angaben zur Selektivität des vorgeschlagenen Trennprozesses gemacht. Ein Verfahrensschema wird vorgeschlagen und der gesamte Prozeß in einer Laboranlage getestet.

The results of the investigation of extraction of Tc and Pd with tri-n-octylamin in CCl_4 were given in Part 1. In this part the extraction isotherms with model solution, which simulates the waste solution, are studied and data for the selectivity of the proposed separation process are given. A flow scheme is proposed and the whole process is tested in a laboratory plant.

Keywords

fission products; laboratory plant; palladium; radioactive waste reprocessing; solvent extraction; technetium; TOA

1. Einleitung

In Weiterführung der im Teil 1 [1] beschriebenen Ergebnisse zur Extraktion von Palladium und Technetium mit Tri-n-octyl-amin wurde die Selektivität des Prozesses gegenüber weiteren Spaltprodukten betrachtet und ein mehrstufiger Extraktionsprozeß aus Modellösung in einem Labor-Mixer-Settler-Extraktor untersucht.

[1]) Anschrift: 7050 Leipzig, Permoserstr. 15

2. Experimentelles

Die Untersuchungen zur Bestimmung der Verteilungskoeffizienten der Spaltprodukte wurden wie in [1] beschrieben unter Einsatz von $^{99}Tc/^{99m}Tc$, ^{89}Sr, $^{95}Zr/^{95}Nb$, ^{103}Pd, ^{105}Rh, ^{106}Ru, ^{134}Cs, $^{140}/^{140}Ba$, ^{144}Ce durchgeführt, z. T. wurde für die Selektivitätsbetrachtungen aus Modellösung die Röntgenfluoreszenzanalyse genutzt. Die Herstellung der Modelllösung (Tab. 1), die eine aufkonzentrierte Abfallösung des Purexprozesses simuliert, erfolgte entsprechend [2]. Für die Untersuchungen am Mixer-Settler wurde eine zehnfach

Tab. 1. Zusammensetzung der Modellösung

Element	mol/l
Tc	$3 \cdot 10^{-2}$
Pd	$3,5 \cdot 10^{-2}$
Rh	$8 \cdot 10^{-3}$
Ce	$2,4 \cdot 10^{-1}$
La	$2,8 \cdot 10^{-2}$
Cs	$4,9 \cdot 10^{-2}$
Rb	$1,2 \cdot 10^{-2}$
Sr	$2,8 \cdot 10^{-2}$
Ba	$4,1 \cdot 10^{-2}$
Zr	$1,1 \cdot 10^{-1}$
Mo	$9,6 \cdot 10^{-2}$
U	$2 \cdot 10^{-3}$
Fe	$5 \cdot 10^{-2}$
Cr	$1,2 \cdot 10^{-2}$
Ni	$0,4 \cdot 10^{-2}$
Al	$1 \cdot 10^{-3}$
Na	$3 \cdot 10^{-1}$
HNO_3	3,2

verdünnte Modellösung eingesetzt, die dem unmittelbaren Raffinat des Purexprozesses nahekommt. Eine ausführliche Beschreibung des Aufbaus und der Arbeitsweise des Mixer-Settler-Extraktors wird in [3] gegeben.

3. Ergebnisse

Als Grundlage für die Auslegung von Extraktoren wurden die Extraktionsisothermen von Tc und Pd aus Salpetersäure und aus Modellösung aufgenommen (Abb. 1). Die Extraktion aus Salpetersäure erfolgte unter Berücksichtigung der gegenseitigen Beeinflussung von Pd und Tc bei Konzentrationen, die denen der Modellösung entsprechen. Der geringe Unterschied der Isothermen zeigt, daß bei Anwendung von 0,5 M TOA/CCl_4 als Extraktionsmittel die Extraktion beider Elemente praktisch unabhängig voneinander ist.

Bei der Extraktion aus Modellösung verringern sich die Tc-Verteilungskoeffizienten durch den höheren Nitratgehalt geringfügig. Da im betrachteten Konzentrationsbereich noch keine Sättigung der organischen Phase auftritt und der Verteilungskoeffizient nahezu konstant ist, lassen sich die Tc-Isothermen gut durch eine Gerade annähern.

Für Palladium steigen die Verteilungskoeffizienten aus Modellösung auf Grund des höheren Nitratgehaltes etwas an. Entsprechend der im Teil 1 erhaltenen Abhängigkeit der Verteilungskoeffizienten von der Palladiumkonzentration ergibt sich ein linearer Teil der Isotherme auch für die Modellösung bei $C_{Pd} > 6 \cdot 10^{-3}$ M.

Die Selektivität des Verfahrens wurde hinsichtlich Ba, Cs, Ce, Ru, Zr/Nb, La, Rb, Sr, Rh, Mo untersucht. Tab. 2 zeigt das Extraktionsverhalten der Spaltprodukte aus der Modellösung und die ermittelten Trennfaktoren.

Tab. 2. Extraktionsverhalten der Spaltprodukte

Element	D_{SP}	δ_{Tc}	δ_{Pd}
Cs	0,006	3030	588
Sr	0,003	5880	1162
Zr/Nb	0,002	9090	1754
La	0,02	909	175
Rh	0,03	588	116
Ru	0,02	909	175
Rb	<0,001	>10000	>3000
Mo	0,06	303	59
Ba	0,02	909	175
Ce	0,02	909	175
Tc	18,2	–	–
Pd	3,5	–	–

Es zeigte sich, daß die untersuchten Spaltprodukte mit außerordentlich kleinen Verteilungskoeffizienten extrahierwerden, so daß Tc von diesen Elementen mit Trennfaktoren zwischen 10^3 und 10^4 abgetrennt wird, für Pd werden Werte zwischen 10^2 und 10^3 erreicht.

4. Aufstellung des Verfahrensschemas

Da auch die kinetischen Experimente zur Technetium- und Palladiumextraktion befriedigende Ergebnisse liefert ten [4], konnte ein Verfahrensschema für die Abtrennung von Palladium und Technetium aufgestellt werden.

Der Vorteil des Verfahrens besteht darin, daß die Abfalllösung so eingesetzt wird, wie sie im Purexprozeß anfällt, d. h., Säurestärke und Salzkonzentration werden nicht ver-

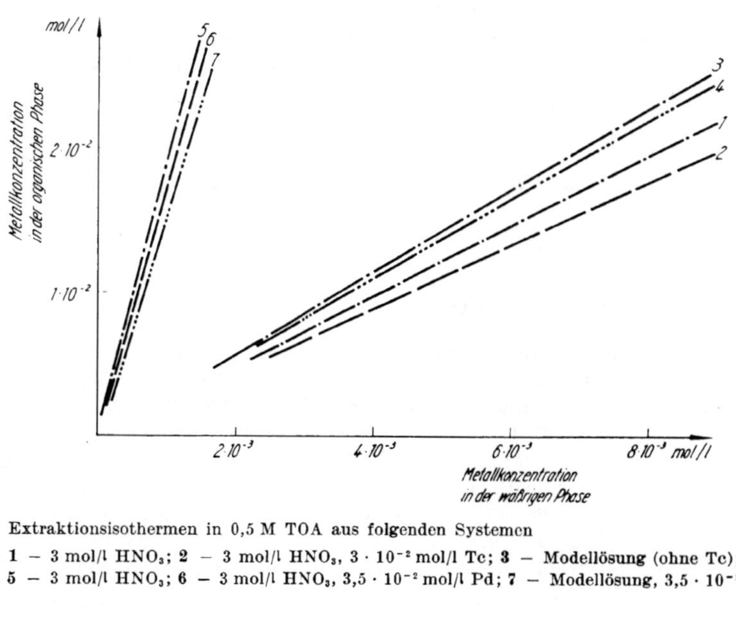

Abb. 1. Extraktionsisothermen in 0,5 M TOA aus folgenden Systemen
für Pd: 1 – 3 mol/l HNO_3; 2 – 3 mol/l HNO_3, $3 \cdot 10^{-2}$ mol/l Tc; 3 – Modellösung (ohne Tc); 4 – Modellösung, $3 \cdot 10^{-2}$ mol/l Tc
für Tc: 5 – 3 mol/l HNO_3; 6 – 3 mol/l HNO_3, $3,5 \cdot 10^{-2}$ mol/l Pd; 7 – Modellösung, $3,5 \cdot 10^{-2}$ mol/l Pd

Mitteilungen / Information

NOBELPREIS 1983 FUER CHEMIE

Die Koeniglich-Schwedische Akademie der Wissenschaften in Stockholm hat den Nobelpreis 1983 fuer Chemie an Henry Taube fuer seine Arbeiten ueber Reaktionsmechanismen d. Elektronenuebertragung vergeben. H. Taube stammt aus Kanada, wo er 1915 in Saskatoon geboren wurde. Er arbeitet seit 1937 in den USA, hatte von 1946-1962 den Lehrstuhl fuer Chemie an der Universitaet in Chicago, Ill., inne und ist seither an der Stanford Universitaet in Palo Alto, Calif. Schon zu Beginn der 50er Jahre hat er sich u.a. mit Isotopieeffekten des Sauerstoffs bei Untersuchungen der Hydratation von Ionen beschaeftigt [J.Phys.Chem. 58 (1954) 523-530]. Die Erklaerung der Elektronenuebertragung in Komplexen, sein Hauptarbeitsgebiet, hat heute auch zum Verstaendnis der Sauerstoffversorgung in Organismen gefuehrt. Die grosse Zahl der von ihm und seiner Schule untersuchten anorganischen Reaktionen fuehrten ihn zur Vorstellung des Ligandenbruecken-Mechanismus, der strukturelle Besonderheiten bei den Elektronenuebertragungsreaktionen beruecksichtigt. Die Erkenntnis, dass Elektronenuebertragungen, die ja ohne chemische Veraenderungen vor sich gehen, in 2 voneinander wohl abzugrenzenden Mechanismen verlaufen, konnten nur auf indirektem Wege mit Hilfe der Isotopenmarkierungen oder der NMR-Technik aufgesteckt werden. Man unterscheidet einen Aussensphaeren-Mechanismus und einen Ligandenbruecken-(Innensphaeren-) Mechanismus.

STRAHLENSTERILISIERUNG VON GEWEBETRANSPLANTATEN

Die IAEA veranstaltete Dezember 1983 eine Beratungstagung ueber Strahlensterilisierung von Gewebetransplantaten und Schaffung von Gewebebanken in Asien und im Fernen Osten. Der in Entwicklungs- und Industrielaendern zunehmende Bedarf an gebrauchsfertigen sterilen medizinischen Praeparaten fuer eine sichere klinische Anwendung ohne Verschleppung von Infektionen kann leichter befriedigt werden, weil heute viele bereits verpackte Artikel durch Bestrahlung sterilisiert werden koennen. Es ist ferner gelungen, die fuer medizinische Praeparate entwickelten nuklearen Verfahren auch z. Sterilisierung biologischer Gewebe (z.B.Knochen, Nerven, Knorpel, Sehnen, Dura mater, Fascia lata, Herzklappen, Arterien, Hauttransplantate fuer schwere Verbrennungen usw.) anzuwenden. Diese Gewebe koennen als nicht lebende Transplantate in der plastischen Chirurgie verwendet werden, um die koerperliche Beeintraechtigung der Kranken zu reduzieren und ihre Schmerzen zu lindern. Die klinische Verwendung solcher nicht lebender Gewebetransplantate hat nicht nur vielen Menschen das Leben gerettet; dadurch, dass sie jederzeit verfuegbar sind, war es auch moeglich, den Kranken Beschwerden zu ersparen, weil man auf Autoplastiken (vom Patienten selbst stammende Gewebe) verzichten konnte. Bei den meisten dieser Gewebetransplantate hat sich die Behandlung mit ionisierenden Strahlen als bedeutende Verbesserung erwiesen, weil sie - abgesehen von ihrer Sterilisationswirkung - dazu beitraegt, die Abwehrreaktionen gegen das Transplantat auszuschalten. (IAEA-Pressekommunique (1983) 28)

QUALITAETSGARANTIE FUER KERNKRAFTWERKE

Im Jahre 1974 hat die IAEA ein umfassendes Programm nuklearer Sicherheitsnormen erstellt, um ihren Mitgliedstaaten international annehmbare Richtlinien und Anleitungen zur Verfuegung zu stellen. Fuenf Dokumente mit allgemeinen Richtlinien und 38 mit detaillierten Anleitungen hat sie bisher ueber die Themenkreise Organisation der staatlichen Kontrolle, Standortewahl, Planung, Betrieb und Qualitaetsgarantie veroeffentlicht. Inwieweit diese Richtlinie fuer d. Qualitaetsgarantie bei Kernkraftwerken und die neun dazugehoerigen Dokumente mit Anleitungen angewandt werden, hat eine Beratergruppe Anfang Dezember 1983 in Wien geprueft. (IAEA-Pressekommuique 83/29)

Kurznachrichten / Newlets

Neue Heterogenkatalysatoren:
LIGANDENFREIE METALLCLUSTER

Betraechtliche Fortschritte bei der Herstellung sowie spektroskopischen Charakterisierung von ligandenfreien ("nackten") Metallclustern, die in einer Tieftemperatur-Edelgasmatrix immobilisiert sind, haben in juengster Zeit dazu gefuehrt, dass man die dynamischen und elektronischen Eigenschaften, aber auch die geometrischen und chemischen Bindungsparameter einer grossen Gruppe von Uni- und Bimetallclustern als Funktion der Aggregationszahl und des Metalltyps verstehen lernen kann. U.a. wurde zur Untersuchung der Metallcluster auf einem Traeger einer der juengsten methodischen Entwicklungen auf dem Gebiet der physikalischen Analysenverfahren, die Analyse der Fernstruktur der Roentgenabsorption oberhalb einer Absorptionskante, die Extended X-Ray Absorption Fine Structure, die auch unter dem Akronym EXAFS bekannt ist, angewendet. Von den drei- und mehrarmigen Metallclustern wurden Cu_3-Resonanz-Raman-Spektren untersucht, die bei 63-Cu_3 und 65-Cu_3 bestimmte Schwingungseigenschaften zeigt, nicht aber bei den Isotopomeren Cu-63_2Cu-65 und Cu-63-Cu-65_2. Es lassen sich Gesichtspunkte der Chemisorption auf und der katalytischen Wirkung von Metallclustern zusammenfassen. Die Daten aus den Matrix-Experimenten sollten in Kombination mit den entsprechenden Daten aus Untersuchungen in der Gasphase und in Molekularstrahlen zum Verstaendnis der Metall-Traeger-Wechselwirkungen beitragen. Daraus ist in nicht allzu ferner Zukunft die gezielte Herstellung einer neuen Generation von technischen Heterogenkatalysatoren zu erwarten. (nach: G.A. Ozin und St.A. Mitchell; Angew.Chem. 95 (1983) 706-726)

Nuklearmedizin:
TECHNETIUM - EIN ELEMENT IM KRANKENHAUS

Man kann Tc als ein neues Metall ansehen, dessen Anwendung in Wissenschaft und Technik noch grosse Perspektiven hat, schrieb V.I. Spitzin (Moskau) vor wenigen Jahren. Inzwischen schaffte dieses Element den Durchbruch in der Nuklearmedizin als Radiopharmakon mit grosser Perspektive. Mehr als 80% aller diagnostischnr in-vivo-Untersuchungen werden heute mit Tc-99m durchgefuehrt, einem der 21 bekannten Tc-Nuklide. Das erste Tc-99, das vom Oak Ridge Laboratorium 1955 verkauft wurde, war damals etwa 3.10^4mal so teuer wie Gold. Ueber die wechselvolle Geschichte der Entdeckung des Tc, die bereits 1846 begann, seiner Herstellung und Anwendung berichtet C. Keller im Heft 11 (1983) der Zeitschrift "Bild der Wissenschaft".

Isotope separation:
SEPARATION of D by IRMPD of CF_2HCl/CF_2DCl

There is continuing interest in the study of systems which might lead to cheaper sources of D for use in the nuclear power industry. Infrared multiphoton decomposition (IRMPD) using CO_2 laser is increasingly regarded as a viable process for isotope separation not only because the conversion of electrical energy in the CO_2 laser can be done efficiently and the pulse shape need not be modified externally, but also because many halocarbons were found to decompose with high selectivities during IRMPD. As is well nown, CF_2HCl decomposeefficiently in an intense IR laser field an its IRMPD with unmodified pulses have been demonstrated to provide high production rates in the separation of C-13 [Appl. Physics B28 (1982) 43]. To examine the feasibility of using the IRMPD of CF_2HCl for the separation of H isotopes was undertaken; the isotopic selectivity of the dissociation process was 35 [K.O. Kutschke et al., Chem. Physics 78 (1983) 323-330]

Aquatische Oekosysteme:

C-14 IN NAHRUNGSKETTEN

In Fortsetzung einer Arbeit ueber C-14 in der terrestrischen Nahrungskette (Atomkernenergie/Kerntechnik 41 (1982) 124-126) berichten die gleichen Autoren jetzt ueber C-14 in der aquatischen Nahrungskette. In den Nahrungskettengliedern Wasser, Wasserpflanzen und Fisch aus 6 verschiedenen aquatischen Oekosystemen wurde 1979-1981 die spezifische C-14-Aktivitaet des Kohlenstoffs bestimmt und mit Werten aus der terrestrischen Nahrungskette verglichen. Die Mittelwerte aus den spezifischen Aktivitaeten der Einzelglieder der jeweiligen aquatischen Nahrungskette lagen zwischen 203 und 321 mBq/g C (5,5 und 8,7 pCi/g C). Vier der sechs Mittelwerte weichen von den fuer 1979-1980 ermittelten Werten von 260 bis 240 mBq/g C(7,0 bis 6,5 pCi/g C) fuer die terrestrische Nahrungskette ab. Das spezifische Aktivitaetsmodell besitzt fuer die aquatische Nahrungskette nur Gueltigkeit, wenn die Atmosphaere und der Mensch nicht als Kettenglieder einbezogen werden. (H. Mueller und E. Fischer, Atomkernenergie/Kerntechnik 43 (1983) 287-289)

Chromatographie:

QUANTITATIVE TRENNUNG DER DEUTERIERTEN TETRAHYDROFURANE $C_4H_4(\beta)H_{4-n}(\alpha)D_n(\alpha)O$ DURCH KOMPLEXIERUNGS-GASCHROMATOGRAPHIE AN EINEM COBALT(II)-KOMPLEX

Die Komplexierungs-Gaschromatographie nutzt die schnelle und reversible Koordinationswechselwirkung zwischen mobilem Substrat und stationaerem Metallkomplex zur Loesung besonders schwieriger analyt. Trennprobleme. Die Aut. untersuchten die Leistungsfaehigkeit der Methode bei der quantitativen Trennung von Protio/Deuterio-Isomeren mit der Massendifferenz 1 fuer Lewis-Basen.
Selektive Trennungen von Isotopomeren durch Komplexierungs-Gaschromatographie sind bisher nur fuer deuterierte Alkene (z.B. $C_2H_{4-n}D_n$) an $AgNO_3$/Ethylenglykol und an $(CO)_2Rh$(3-trifluoracetylcampherat)/Squalan bekannt. Ueber einen geringfuegigen Unterschied der Retentionszeiten fuer 2-Butanol und (2-D)-2-Butanol bei Gaschromatographie an $Eu(fod)_3$/Squalan wurde ebenfalls berichtet. Eine entscheidende Voraussetzung fuer die vollstaendige und schnelle Trennung von Isotopomeren, die sich nur um eine Masseneinheit unterscheiden, ist die Weiterentwicklung der Komplexierungs-Gaschromatographie unter Verwendung hochaufloesender Glas- oder Quarzkapillartechnik mit Belegungsgueten von ca. 95%. Uns gelang die erste Isotopomerentrennung deuterierter cyclischer Ether bei vollstaendiger Grundlinienseparation aller fuenf Isomere des Tetrahydrofurans (THF) $C_4H_4(\beta)H_{4-n}(\alpha)D_n(\alpha)O$ durch Komplexierungs-Glaskapillarchromatographie an Cobalt(II)-bis-(3-heptafluorbutyrylcampherat) in weniger als 30 min. bei 70° C. Die Trennfaktoren α sind logarithmisch additiv [$\alpha(70°C)=(1.03)^n$, n=Zahl der Deuteriumatome, $\alpha = t'_D/t'_H$, t' = Nettoretentionszeit]. Die Trennung beruht auf einem betraechtlichen "inversen" ($K_D > K_H$) sekundaeren Isotopeneffekt. (V. Schurig und D. Wistuba, Angew. Chem. 95 (1983) 10)

Terminologie:

"RADIOAKTIVE" STRAHLUNG?

Im Zusammenhang mit der friedlichen Nutzung der Kernenergie und der Verwendung radioaktiver Stoffe in Medizin, Forschung und Technik erscheinen sehr haeufig Ausdruecke wie "radioaktive Strahlung" oder "radioaktiv bestrahlt". Folgende Klarstellung ist angebracht:
Die physikalische Eigenschaft "radioaktiv" bezieht sich zunaechst auf instabile Atomkerne (Radionuklide), deren Zerfall mit der Aussendung von Kernstrahlung verbunden ist und die dadurch das Phaenomen der Radioaktivitaet bewirke. Abhaengig davon, ob die Radionuklide natuerlichen Ursprungs oder kuenstlich erzeugt sind, wird zwischen natuerlichen und kuenstlichen Radionukliden und entsprechend zwischen natuerlicher und kuenstlicher Radioaktivitaet unterschieden. Gewoehnlich sind die Radionuklide in Stoffen enthalten, auf die allein durch die Anwesenheit der Radionuklide das Phaenomen der Radioaktivitaet uebertragen wird.
Strahlung ist physikalisch eine besondere Form des Energietransportes. Traeger der Energie sind Teilchen mit Masse oder masselose Photonen. Bei der Kernstrahlung der Radionuklide und damit auch bei der Strahlung radioaktiver Stoffe handelt es sich um die beim Kernzerfall entstehenden Alpha- oder Beta-Teilchen bzw. um die Gamma-Photonen; entsprechend unterscheidet man in diesem Fall zwischen der Alpha-, Beta- und Gamma-Strahlung. Die physikalische Eigenschaft "radioaktiv" auf diese Strahlung anzuwenden, ist irrefuehrend, weil damit der nicht zutreffende Eindruck erweckt wird, dass die Energietraeger dieser Strahlung entweder selbst kontinuierlich Strahlung aussenden oder mit der Energie das Phaenomen der Radioaktivitaet auf jedes Objekt uebertragen, das von ihnen getroffen wird. Um diese Irrefuehrung zu vermeiden, sollte diese Strahlung praezise als "Kernstrahlung der Radionuklide" bzw. als "Strahlung radioaktiver Stoffe" bezeichnet werden. Entsprechend sollte nicht irrefuehrend als "radioaktiv bestrahlt" bezeichnet werden, was tatsaechlich nur d. Strahlung von Radionukliden bzw. von radioaktiven Stoffen ausgesetzt oder mit (medizinischen oder technischen) Radionuklid-Strahlenquellen bestrahlt worden ist. (Atomwirtschaft/Atomtechnik 28(1983)11, K+U II)

Ankündigungen / Announcements

DEUTERIERTE VERBINDUNGEN

Das Binnen- und Aussenhandelsunternehmen fuer radioaktive und stabile Isotope - Isocommerz GmbH - bietet einen neuen Katalog (deutsch u. englisch) fuer deuterierte Verbindungen an:
- deuterierte Loesungsmittel fuer die NMR-Spektroskopie (99 ... 99,8 Atomprozent D)
- deuterierte Ausgangschemikalien fuer Synthesen und Analysen mit einer D-Haeufigkeit > 99 Atomprozent
- partiell deuterierte Verbindungen

Zu beziehen durch Isocommerz DDR-1115 Berlin, Lindenberger Weg 70 oder DDR-7050 Leipzig, Permoserstr. 15.

Veröffentlichungen / Publications

STUDY ABROAD

UNESCO Press, Paris 1983, 24th ed.

An useful information about international organizations and host countries. STUDY ABROAD offers for 1983/84, 1984/85 and 1985/86 among others:

Details about international study programmes in over 100 countries

Lists of scholarships, assistantships, travel grants, courses and seminars in all academic and professional fields (200 000 scholarships and courses worldwide)

Practical background material about admission procedures, language or age requirements, cost-of-living and housing

Three separate indexes: by country, by subject matter and by institution (including both national and international organizations)

Information concerning special facilities for handicapped students

CENTRAL INSTITUTE OF PHYSICS, BUCHAREST, ROMANIA

Nuclear model calculations of (n,p) & (n,n',p) reactions on Mo isotopes - M. Irascu et al.; NP-28-1983

Neutrons as a tool to investigation supergravitation - I.I. Purica; NP-29-1983

The History of the Romanian Physics - Papers presented at the 16th International Congress of the History of Science, Bucharest 1981

CONTRIBUTIONS TO THE 12 th INTERNATIONAL CONFERENCE ON SOLID STATE NUCLEAR TRACK DETECTORS 4-10 Sept. ACAPULCO/MEXICO
Institute of Nuclear Research of the Hungarian Academy of Sciences (ATOMKI), Debrecen/Hungary, 1983, 64 pp.

Current Problems in Chemical Track Etching - G. Somogyi

Development of the Dyed-Track Method for Kodak CN-85 Detector - G. Somogyi et al.

Formation of Ion-Beam Images in Gelatine and Various Polymers - G. Somogyi et al.

Study of Spot Development Around Track- and Electric-Tree-Induced Perforations Through an Aluminized Track Detector - G. Dajko and G. Somogyi

Calculation of Thermal Effects Occuring During the Manufacture of Cr-39 Sheets - S. Szilagyi and G. Somogyi

Neutron-Induced Autoradiography Based on Relief and Dyded Image Formation on Polymers - A. Loose et al.

A New Possibility for High-Resolution Spectroscopy of Nuclear Particles Entering CR-39 at Selected Dip Angles - G. Somogyi et al.

Effect of Particle Fluence on Track Diameter and Response of Electrochemically Etched SSNTD - K. Turek and G. Dajko

Development of a CCD Based System Called Digitrack for Automatic Track Counting and Evaluation - J. Molnar et al.

Study of Pb-210 and Po-210 Distributions in Environmental Samples by Cr-39 Track Detector - I. Hunyadi et el.

Measurement of Radon, Radon Daughters and Thoron Concentrations by Multi-Detector Devices - G. Somogyi et al.

Measurement of the $^{12}C(^{12}C,^{8}Be_{g.s})^{16}O_{g.s}$ Cross Section at Subbarrier Energies by Plastic Detectors - I. Hunyadi et al.

Veranstaltungskalender – Tagungen – Lehrgänge / Calendar – Meetings – Courses

MEETINGS ON ATOMIC ENERGY
15 (1983) 3, p. 98-112
(with addresses for inquiries):

IAEA-Seminar on the USE OF ISOTOPE TECHNIQUES IN WATER RESOURCES DEVELOPMENT FOR DEVELOPING COUNTRIES IN LATIN-AMERICA(2-14 Jul, Argentina)

5th World HYDROGEN ENERGY Conference (15-19 Jul. TORONTO/Canada)

International Conference on ION EXCHANGE (15-20 Jul, CAMBRIDGE, UK)

Annual Meeting of the EUROPEAN NUCLEAR MEDICINE SOCIETY (Aug, HELSINKI/Finland)

Conference on CHEMICAL THERMODYNAMICS (13-17 Aug, HAMILTON, Ontario/Canada)

Symposium on THERMODYNAMICS OF NUCLEAR MATERIALS (13-17 Aug, HAMILTON, Ontario/Canada)

8th European Congress on ELECTRON MICROSCOPY (EUREM 84) (13-18 Aug, BUDAPEST/Hungary)

16th International Congress of THEORETICAL AND APPLIED MECHANICS (19-25 Aug, LYNGBY/Denm.)

5th International Symposium on GAS FLOW AND CHEMICAL LASERS (20-24 Aug, OXFORD, UK)

6th General Conference of the EUROPEAN PHYSICAL SOCIETY (27-31 Aug, PRAGUE/CSSR)

9th International Conference on RAMAN SPECTROSCOPY (27 Aug - 1 Sep, TOKYO/Japan)

3rd International Symposium on NITROGEN FIXATION WITH NON-LEGUMES (2-8 Sep, HELSINKI/Fin.)

7th International Conference on ATOMIC MASSES AND FUNDAMENTAL CONSTANTS (AMCO-7) (3-7 Sep, DARMSTADT-SEEHEIM, F.R. Germany)

22nd AMPERE CONGRESS (10-15 Sep, ZURICH/ Switzerland)

Ausgewählte Beiträge / Recently published papers

ATOMNAJA ENERGIJA 54(1984)2

Radioactive Iodine Sorption from N_2O_4 Gas Flow on Stainless Steel Surface - V.M. Dolgov and M.A. Drugachonok

A Spectrophotometric Study of the Reaction Equilibrium $PuO_2^{2+} + Cl^- \Leftrightarrow PuO_2^{+} + 1/2\ Cl_2$ in a NaCl - 2 CsCl Melt - S.K. Vavilov et al.

Radiation safety Standards for Intakes of Tritium Compounds - M.I. Balanov et al.

Radiation Capacity of Non-winding Rivers for Radionuclide Short Duration Discard - A.L. Kononovich

The Behavior of Thorium in the Laterite Process - V.A. Kopeikin

A Pulsed Gamma RadiationDiamond Dosimeter - Z.A. Albikov and N.I. Terentyev

On the Accuracy of the Reich Moore Formula for Neutron Cross Sections - I.I. Surina

On the Transfer of Radioactive Substances Along Roads by Transportation Wheels - V.E. Vostrukhov and A.F. Lyzlov

Determination of ^{137}Cs Industrial Soil Contamination Against Global Background Along a Vertical Distribution in the Soil - A.N. Silantyev et al.

Comparative Investigation of the Defect Formation Process in SiO_2 During γ and n,γ Irradiation

ATOM (1983)325:

The Fast Reactor: perspective and prospects - P. Hirsch

X-ray diffraction: its role in atomic energy - I. Ferguson

Mrs. Gandhi to the World Energy Conference

COMPUTERS AND GEOSCIENCES 9(1983)3

CRYSTALLIZATION : a computer program for modeling the crystallization of a magmatic liquid - E. Petitpierre and P. Boivin

ICARUS 55(1983)3, Part 1

Nonthermal escape of hydrogen and deuterium from Venus and implications for loss of water - S. Kumar et al.

J. CHEM. PHYSICS 79(1983)11

The microwave spectrum of the $N^{35}Cl$ radical in the $X^3\Sigma$-state - Chikashi Yamada et al.

State selected ion-molecule reactions by a TESICO technique. VII: Isotope effect in the reactions $O_2^+ + HD \rightarrow O_2H^+ (O_2D^+) + D(H)$ - Kenichiro Tanaka et al.

Electron detachment for $H^-(D^-)$ in collisions with Ne - T.S. Wang and J.B. Delos

Local mode theory for C_{3v} molecules: CH_3D, CHD_3, SiH_3D, and $SiHD_3$ - L. Halonen et al.

On the relation between self-diffusion and viscosity of liquids - R. Zwanzig

A spectroscopic study of the ground states of $CHCl_2^+$ and $CDCl_2^+$ using a new multi-channel detector photoelectron spectrometer - L. Andrews et al.

ATOMKERNENERGIE-KERNTECHNIK 43(1983)4:

Zur Entwicklung von Hochtemperaturreaktoren - Instrumentierung und Verfahren zur Messung des dynamischen Verhaltens der Heliumturbinenanlage Oberhausen - K. Bammert u.a.

Berechnung des raeumlichen Spaltproduktverhaltens in der Kugelschuettung von Hochtemperaturreaktoren - G. Ploeger u.a.

Graphit als Strukturmaterial fuer Hochtemperaturreaktoren - J. Schoening, W. Theymann

Zur Entwicklung schneller Reaktoren-, Optimierung des Reaktivitaetsmodulators des periodisch gepulsten schnellen Reaktors - V.D. Ananiev u.a.

Empfindlichkeitsanalyse fuer die kritischen Konstanten der Brennstoffe schneller Reaktoren - G. Dharmadurai

Dosisaufbaufaktoren fuer Bereiche und Grenzflaechen bei geschichteten Abschirmungen - P.K. Bhatnagar u.a.

Verwendung von Halbleiterdioden zur Dosimetrie bei der Bestrahlung von Schuettgut-Th. Gruenewald und M. Rudolf

Kohlenstoff-14 in der aquatischen Nahrungskette - H. Mueller und E. Fischer

ATOMKERNENERGIE-KERNTECHNIK 43(1983)3:

Dynamisches Modell zur synergetischen Kernenergienutzung - A.A. Harms

Die Rolle der Kernenergie in einer zukuenftigen Weltenergieversorgung - W. Haefele und W. Jaek

Neue Moeglichkeiten und Aussichten fuer die Kernenergie - R. Ekholm

Bewertung der Aussichten von neuartigen Energiekonzepten - J. Vira

Neue Kernenergiesysteme und Kernwaffen-Proliferation - A. Gsponer et al.

Myonenkatalysierte Fusion - L.I. Ponomarev

Experimentelle Untersuchung der myonenkatalysierten Fusion in Deuterium-Tritium-Mischungen bei hoher Dichte - S.E. Jones et al.

Myonenkatalysierte Fusion bei mittlerer Temperatur und der Gebrauch von Laserstrahlen zum Abloesen gebundener Myonen - H. Takahashi und A. Moats

Energieerzeugung aus der myonenkatalysierten DT-Fusion - Beurteilung der verschiedenen Methoden - A.Kumar

Das myonenkatalysierte p- B-Fusionssystem - A.P. Sguigna und A.A. Harms

ATOMWIRTSCHAFT/ATOMTECHNIK 28(1983)11:

Radioskopie als automatisierbares Verfahren der Durchstrahlungspruefung - R. Link u.a.

Leittechnik im Kernkraftwerk - zuviel oder zuwenig - W. Aleite u.a.

25 Jahre INTERATOM - J. Hoechel

Biologische Wirkungen geringer Strahlendosen (IAEA/WHO-Symposium)

Kernenergie auf dem Weg ins 21. Jahrhundert (ICENES 3 in Helsinki)

Verzeichnis der Kernkraftwerke der Welt - M. Kempken

Kernenergie in der Elektrizitaetswirtschaft der BRD 1982

Der Aussenhandel der BRD mit kerntechnischen Erzeugnissen 1980-1982

Ein- und Ausfuhren der BRD an Radionukliden und Kernbrennstoffen 1982

ATOMWIRTSCHAFT/ATOMTECHNIK 28(1983)12:

Die IAEO: Weiterhin im politischen Spannungsfeld - K.-A. Keltsch

Rheinsberg - von Leuschner bis Fontane - G. Heller

Japan: Grosses Kernenergieprogramm trotz Akzeptanzproblemen - S. von Krosigk

Kernenergie in der Sowjetunion - H.-P. Born

Betriebsergebnisse der Kernkraftwerke in der EG 1982 - Statistik

Brennstoffverbrauch und Betriebskosten der Kernkraftwerke in Grossbritannien 1980-1983 - Statistik

Vergleich der Stromerzeugungskosten aus Kernenergie, Kohle, Oel in den USA 1982 - Statistik

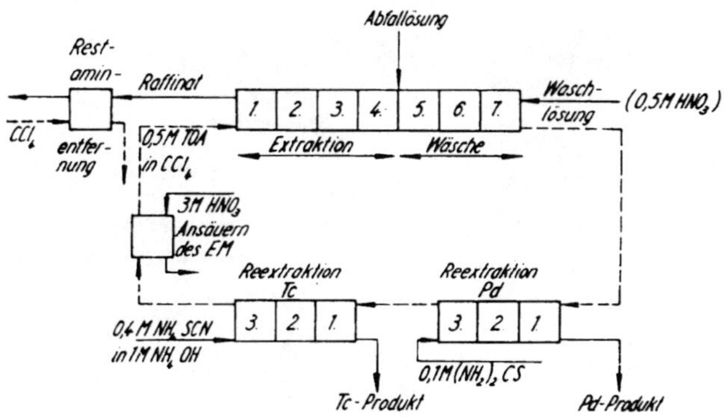

Abb. 2. Technologisches Schema des Trennprozesses zur Palladium- und Technetiumgewinnung

ändert und nach der Abtrennung von Tc und Pd kann die Abfallösung weiteren Prozeßstufen zugeführt werden. Das hier entwickelte Verfahrensschema besteht aus folgenden Schritten (Abb. 2):

1. Extraktion von Tc und Pd mit 0,5 M TOA/CCl_4
2. Waschen der organischen Phase mit 0,5 M HNO_3
3. Pd-Reextraktion mit 0,1 M Thioharnstoff
4. Tc-Reextraktion mit 0,4 M NH_4SCN in 1 M NH_4OH
5. Ansäuern des TOA/CCl_4-Gemisches vor der Rückführung in die Extraktionsstufe
6. Auswaschen der Abfallösung nach der Extraktion mit Tetrachlorkohlenstoff zur Entfernung von Aminresten.

5. Testung des Verfahrens in einer Laboranlage

Entsprechend dem Verfahrensschema wurde eine Mixer-Settler-Laboranlage aufgebaut. Die reale Stufenzahl entsprach den im Verfahrensschema angegebenen idealen Stufen. Als Ausgangslösung wurde eine Modellösung, deren Salzkonzentration gegenüber der in Tab. 1 angegebenen Zusammensetzung um den Faktor 10 verringert wurde, eingesetzt. Das Extraktionsmittel war 0,5 M TOA/CCl_4. Als Waschlösung wurde 0,5 M HNO_3 benutzt und die Reextraktion erfolgte mit 0,1 M Thioharnstoff (Palladium) und 0,4 M Ammoniumrhodanid in 1 M NH_4OH (Technetium). Die Belastung der einzelnen Phasen betrug:

Ausgangslösung	0,32 l/h
organische Phase:	0,22 l/h
Waschlösung:	0,05 l/h
Reextraktionsmittel:	je 0,4 l/h

Durch Probennahme in allen Absetzkammern der Extraktoren konnten die Konzentrationsprofile für Technetium und Palladium im stationären Zustand aufgenommen werden. Nach einer Markierung mit geeigneten Tracerisotopen für verschiedene weitere Spaltprodukte wurde außerdem die Selektivität des Trennprozesses überprüft. Das Konzentrationsprofil von Technetium im Extraktions- und Waschteil der Anlage zeigt, daß die bei den Gleichgewichtsexperimenten festgestellten hohen Verteilungskoeffizienten nur in der Eintrittsstufe der wäßrigen Phase erreicht werden (Abb. 3). Die scheinbare Abnahme des Verteilungskoeffizienten in den Stufen 1 bis 3 kann durch die Analysenfehler bei den niedrigen Konzentrationswerten und durch ungenügende Phasentrennung an den Probennahmestellen erklärt werden. Das Verteilungsverhältnis von Palladium (Abb. 4) wird mit Verringerung der Palladiumkonzentration etwas größer. Das steht in Übereinstimmung mit den Ergebnissen der Gleichgewichtsuntersuchungen (Teil 1). Im Extraktionsteil werden mehr als 99% des Technetiums und über 90% des Palladiums ab-

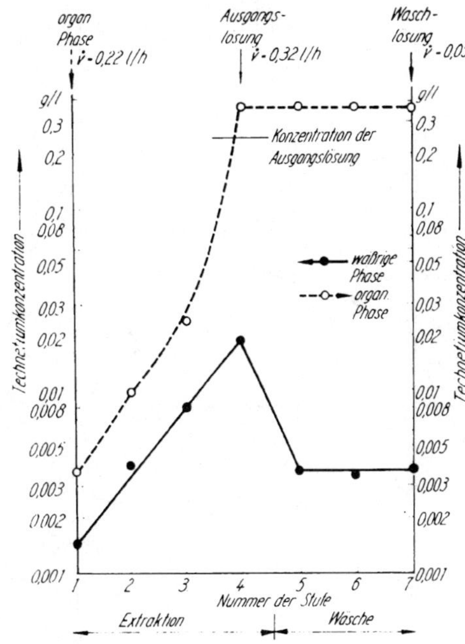

Abb. 3. Konzentrationsprofil von Technetium im Mehrstufenextraktor

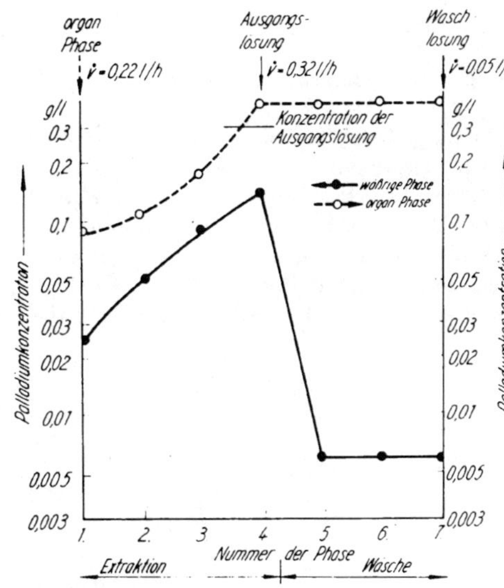

Abb. 4. Konzentrationsprofil von Palladium im Mehrstufenextraktor

getrennt. In der Waschsektion ändern sich die Konzentrationen von Technetium und Palladium in den einzelnen Phasen nicht.

Die Konzentrationsprofile einiger weiterer Spaltprodukte sind in Abb. 5 dargestellt. Es ist zu erkennen, daß die organische Phase im Extraktionsteil nur geringe Mengen an Spaltprodukten aufnimmt, wovon in der Waschsektion, abgesehen vom Eisen, ein großer Teil wieder ausgewaschen wird. Falls diese Tendenz erhalten bleibt, kann mit jeder weiteren Stufe der Dekontaminationsfaktor um den Faktor 2 verbessert werden. Bei der Reextraktion wurden 70% des Palladiums und mehr als 90% des Technetiums aus der organischen Phase entfernt (Abb. 6).

Außerdem war eine weitere Erhöhung des Trennfaktors gegenüber den anderen Spaltprodukten zu beobachten. Die trotz günstiger Verteilungskoeffizienten nicht vollständige Reextraktion im Extraktor weist auf eine relativ langsame Kinetik hin. Prinzipielle Schwierigkeiten für die

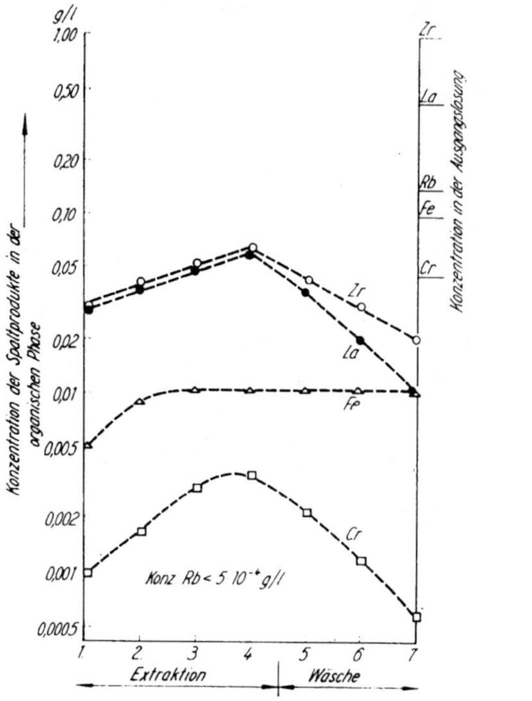

Abb. 5. Konzentrationsprofil der Spaltprodukte im Mehrstufenextraktor

Realisierung des Trennprozesses entstehen dabei jedoch nicht.

Bisher nicht gelöste Probleme beim Test der Laboranlage traten jedoch dadurch auf, daß sich in den Reextraktoren eine feste Phase ausbildet, die sich in der Grenzfläche ablagert und nach einigen Studen so umfangreich wird, daß die Extraktoren abgeschaltet werden müssen.

Untersuchungen zeigten, daß diese Niederschläge immer dann auftreten, wenn das Extraktionsmittel aus dem stark

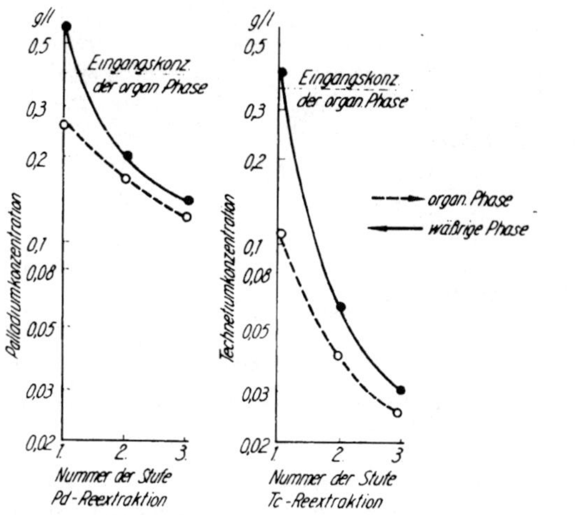

Abb. 6. Konzentrationsprofil von Palladium und Technetium in den Reextraktoren

sauren Milieu ins alkalische gebracht wird. Sie stehen nicht in unmittelbarem Zusammenhang mit der Metallextraktion. Auch die Verunreinigungen des von unterschiedlichen Herstellern bezogenen TOA scheinen nicht die entscheidende Rolle zu spielen. An der Aufklärung dieses Effekts, der erst bei längerem Betrieb der Laboranlage deutlich wird und der bisher bei vielen vorgeschlagenen und patentierten Trennverfahren mit Trioctylamin nicht beachtet wurde, wird zur Zeit gearbeitet, wobei ein wesentlicher Aspekt der Ersatz von CCl_4 durch aromatische Verdünner sein dürfte.

Eingegangen am 20. 7. 1983

Literatur

[1] *B. Gorski, M. Gründig, M. Richter,* Isotopenpraxis **20** (1984) **93**
[2] *B. Gorski,* Isotopenpraxis **17** (1981) 416
[3] *M. Richter, B. Eckert,* Chem. Techn. **35** (1983) 137
[4] *M. Richter, E. Meinhold,* Isotopenpraxis **17** (1981) 269

Isotopenpraxis 20 (1984) 3, S. 101–105

Study of the Exchange of Caesium and Rubidium Ions on Potassium Cobalt Hexacyanoferrate with a Radioactive Tracer Method

J. Nagy, I. Mádi

(Isotope Laboratory, Kossuth Lajos University, Debrecen)[1])

A radioactive tracer method was used to study the concentration-dependence of the equilibrium distribution coefficient characteristic for the exchange of caesium and rubidium ions on potassium cobalt hexacyanoferrate. The number of active centres was determined with the application of the Langmuir-Hückel isotherm. It was found that the sorption sequence $Cs^+ > Rb^+$ holds only at relatively low concentrations, the sequence being reversed at higher concentrations: $Rb^+ > Cs^+$. The factor characterizing the energetic inhomogeneity of the sorbent surface was determined from the temperature-dependence of the number of active centres. Determination of this factor is essential as regards evaluation of the results of kinetic measurements.

Eine radioaktive Indikatormethode wurde angewandt, um die Konzentrationsabhängigkeit des für den Austausch von Cäsium- und Rubidiumionen an Kalium-Kobalt-Hexacyanoferrat charakteristischen Gleichgewichts-Verteilungs-Koeffizienten zu untersuchen. Mit Hilfe der Langmuir-Hückel-Isotherme wurde die Anzahl aktiver Zentren ermittelt. Es wurde festgestellt, daß die Sorptionsfolge $Cs^+ > Rb^+$ nur bei relativ niedrigen Konzentrationen funktioniert, während die Folge bei höheren Konzentrationen umgekehrt wird: $Rb^+ > Cs^+$. Anhand der Temperaturabhängigkeit der Anzahl aktiver Zentren wurde der Faktor, der die Inhomogenität der Oberfläche des Sorbens charakterisiert, ermittelt. Die Bestimmung dieses Faktors ist von Bedeutung für die Auswertung der Ergebnisse kinetischer Messungen.

Keywords

activation energy; adsorption; cesium 137; ferrocyanides; ion exchange; kinetics; rubidium 86; temperature dependence

Introduction

An important group of inoranic ion-exchangers employed to solve preparative nuclear chemical problems are the mixed ferrocyanides of alkali metals and transition metals [1–6]. The ferrocyanides, which exhibit low solubility and resistance to radiation, are highly-selective sorbents of heavy alkali metal ions, and can therefore be used to separate ^{137}Cs from uranium fission products [7, 8] and for the selective precipitation and determination of ^{137}Cs in natural waters [3, 9, 10]. On the mixed ferrocyanides the alkali metal ions exchange in the following sequence: $Cs^+ > Rb^+ > K^+ > Na^+ > Li^+$. This sequence corresponds to the decrease in radius of the alkali metal ions and to the increase in solubility of the mixed ferrocyanides [11]. With the incrase of the concentrations of the exchanging ions, the selectivity sequence may change in the case of Cs^+ and Rb^+ [12], and study of the concentration-dependence of the equilibrium distribution coefficient characteristic of the exchange process therefore provides information of value as regards establishing the ion-exchange properties of the mixed ferrocyanides. In the present paper an account is given of the results obtained with isotherm measurements in the course of a comparative investigation of the exchange of Cs^+ and Rb^+ on potassium cobalt hexacyanoferrate.

Experimental

Materials

Potassium cobalt hexacyanoferrate was prepared in accordance with the description of *Prout* et al. [3]. The precipitate obtained with a cobalt nitrate excess was filtered and suspended in double-distilled water. The filtration and suspension were repeated several times, until finally the filtrate no longer contained cobalt traces. The crystalline powder was dried at 115 °C. The dried granulate was crushed and then fractionated with a sieve-series. The fraction used in the experiments contained particles with diameters of 0.15–0.25 mm. The purities of the ^{137}Cs and ^{86}Rb preparations employed for labelling were checked with radioanalytical measurements.

Method

5 mg sorbent was suspended in 49 ml double-distilled water, and the system was mixed vigorously for 20 min. 1 ml caesium nitrate solution of appropriate concentration, labelled with ^{137}Cs, was next added and the system was mixed further. After a predetermined time the precipitate was separated from the solution, and the amount of Cs^+ sorbed was determined from the decrease in activity of the solution. A similar procedure was employed in the study of the exchange of rubidium. The exchanged amount (x) was given as a fraction of the total amount of radioactive material in the system.

Results and Discussion

Kinetic measurements were peformed to decide how much time is required for the exchange equilibrium state to be established. The results of kinetic measurements at 20 °C are illustrated in Fig. 1. Similar measurements were made at 0 and 40 °C, and it was found that the exchange equilibrium sets in about 80 min: the amount exchanged does not vary essentially with time subsequently. Accord-

[1]) Address: H-4010 Debrecen, Hungary

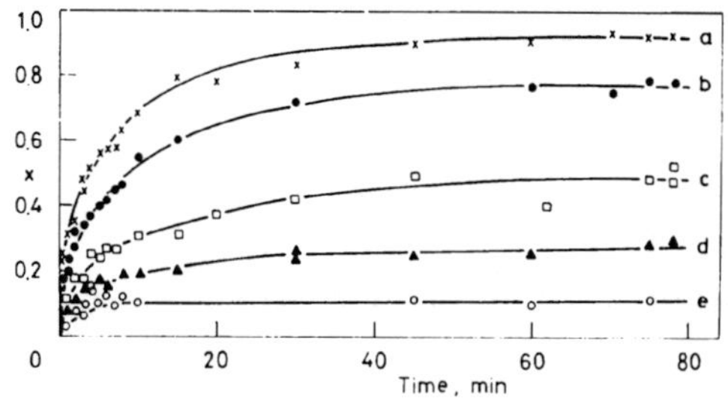

Fig. 1. Time course of exchange of Cs^+ on pottasium cobalt hexacyanoferrate

Quantity of sorbent: 5 mg; Volume of solution: 50 ml Temperature: 20 °C; Cs^+: (a) — $5{\cdot}0 \times 10^{-5}$ M; (b) — $7{\cdot}4 \times 10^{-5}$ M; (c) — $1{\cdot}0 \times 10^{-4}$ M; (d) — $2{\cdot}0 \times 10^{-4}$ M; (e) $5{\cdot}0 \times 10^{-4}$ M

ingly, in the isotherm measurements the sorbent was always mixed with the solution for 80 min in the determination of the equilibrium ditribution coefficient.

The data obtained with regard to the concentration-dependence of the equilibrium distribution coefficient were used to construct the isotherm on the basis of the *Langmuir-Hückel* equation:

$$\frac{m}{V}\left[\frac{1 - x_\infty}{x_\infty}\right] = \frac{1}{z} c_e + \frac{1}{z} \frac{e^{\frac{Q}{RT}}}{\Delta v} \qquad (1)$$

where m is the mass of the sorbent, V ist the volume of the solution, c_e ist the equilibrium concentration, x_∞ is the quantity of exchanged ions in the equilibrium state, z is the number of active centres, Q ist the sorption heat, and Δv is the sorption volume. In eqn. (1),

$$\frac{e^{\frac{Q}{RT}}}{\Delta v} = C \qquad (2)$$

C is the equilibrium concentration at which exchange has occurred on half of the active centres.

Isotherms illustrative of the exchange of caesium and rubidium ions can be seen in Fig. 2 and 3. The numbers of active centres determined from the slopes of the isotherma are given in Tab. 1.

Two essential conclusions may be drawn from the results of the isotherm measurements:

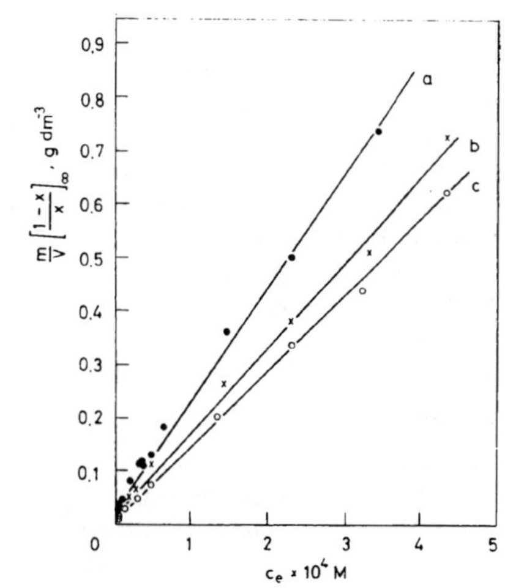

Fig. 2. Isotherms of the exchange of Cs^+

Quantity of sorbent: 5 mg; Volume of solution: 50 ml; Temperature: (a) — 0 °C; (b) — 20 °C; (c) — 40 °C

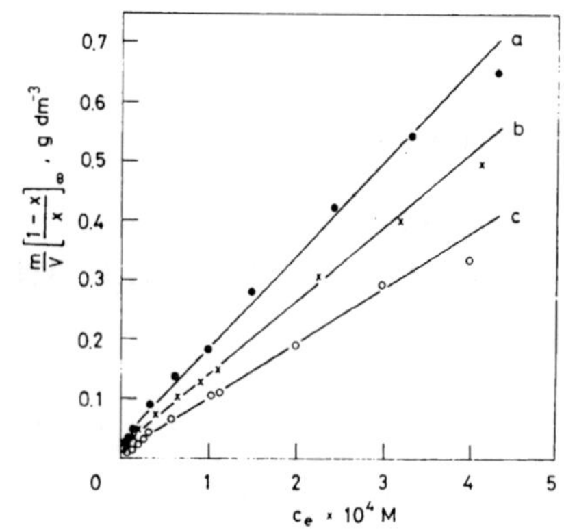

Fig. 3. Isotherms of the exchange of Rb^+

Quantity of sorbent: 5 mg; Volume of solution: 50 ml; Temperature: (a) — 0 °C; (b) — 20 °C; (c) — 40 °C

Tab. 1. Numbers of active centres for the exchange of Cs^+ and Rb^+ on potassium cobalt hexacyanoferrate

	Temperature °C	$z \times 10^4$ gequiv · g^{-1}	E_z kJ · $mole^{-1}$
Cs^+	0	4·72	5·9
	20	6·00	
	40	6·90	
Rb^+ section I	0	2·50	8·8
	20	3·33	
	40	4·41	
Rb^+ section II	0	6·60	6·7
	20	8·33	
	40	10·20	

1. The number of active centres varies with the temperature. This means that the active centres are of different strengths, and that the sorbent surface is energetically inhomogeneous. The variation of the number of active centres with temperature may thus be given by:

$$z = X\, e^{-\frac{E_z}{RT}} \qquad (3)$$

where X is a constant independent of the temperature, and means the total number of suitable lattice-forming elements which may come into consideration as regards the exchange, and E_z is the energy of binding on the given centre. If the log z values are plotted as a function of $1/T$, a straight line is obtained, in accordance with eqn. (3) (Fig. 4). The E_z values determined from the slopes are similarly given in Tab. 1.

2. The number of active centres found for the exchange of rubidium is larger than the values for caesium (Tab. 1). From the data in Fig. 3 it is evident that a low concentrations the experimental points do not lie on the linear isotherm. A large number of measurements were made at low concentrations, therefore, to determine the course of the isotherm more exactly. The corresponding data are illustrated in Fig. 5. It can be seen that the isotherm consists of two, relatively well-distinguishable sections. At extremely low concentrations (section I) the number of active centres determined from the slope is smaller than the value for caesium, whereas at higher concentrations

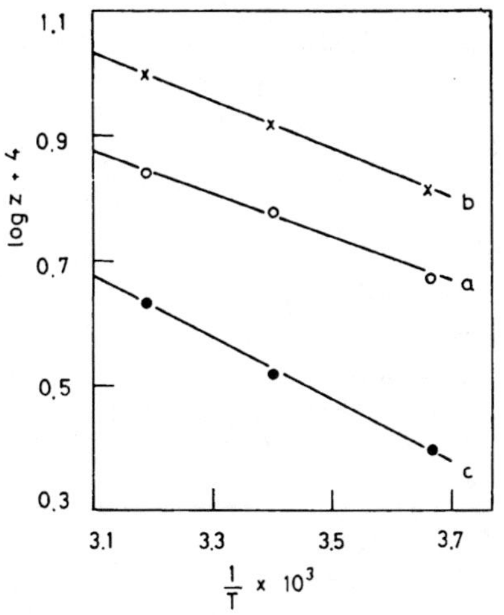

Fig. 4. Variation of the number of active centres with the temperature
(a) – Cs^+; (b) – Rb^+(II); (c) – Rb^+ (I)

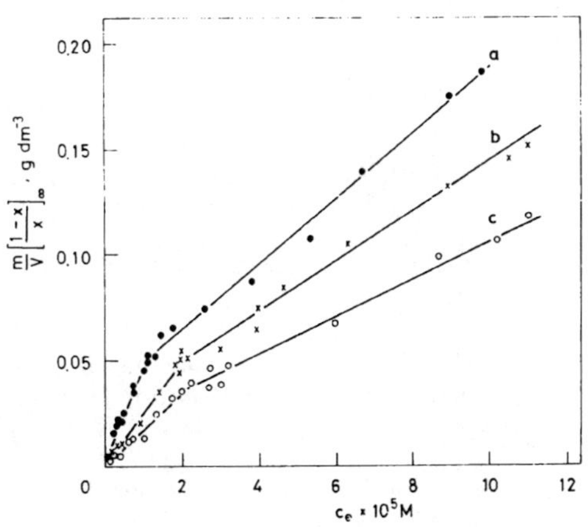

Fig. 5. Isotherm of the exchange of Rb^+ at low concentrations
Quantity of sorbent: 5 mg; Volume of solvent: 50 ml; Temperature: (a) – 0 °C; (b) – 20 °C; (c) – 40 °C

(section II) it is larger. The slopes of section II are the same as those of the isotherms in Fig. 3. This means that the sorption sequence $Cs^+ > Rb^+$ is reversed at higher concentrations. In the interpretation of the result it must be taken into consideration that the high selectively observed for the mixed ferrocyanides is a consequence of the appreciable polarizabilities of the caesium and rubidium ions, and of the lattice structural properties of the sorbent [12]. Although the polarizability increases as the radius of the alkali metal ion becomes larger, for lattice structural reasons exchange of the large caesium ion is inhibited. This inhibitory effect is manifested in the greater degree of exchange, and is also displayed in the fact that the number of active centres for the caesium exchange is less than the value found for the rubidium exchange at higher concentration.

An important parameter as regards characterization of the ion exchange is the isotherm constant C; this is that equilibrium concentration at which exchange has occurred on half of the active centres. The isotherm constant can not be evaluated from that from of the *Langmuir-Hückel* isotherm given in eqn. (1), since the isotherms intersect the ordinate in the vicinity of the origin. The situation is more favourable if the data from Fig. 2 and 3 are evaluated on the basis of the equation

$$\frac{1}{a} = \frac{1}{z} + \frac{1}{zc_e} C \qquad (1a)$$

for in this way the isotherm constant may be determined from the slope of the straight line. The data thus obtained are given in Tab. 2. If eqn. (2) is taken into account, the temperature coefficient of the isotherm constant (Fig. 6) may be used to determine the sorption heat (Tab. 2).

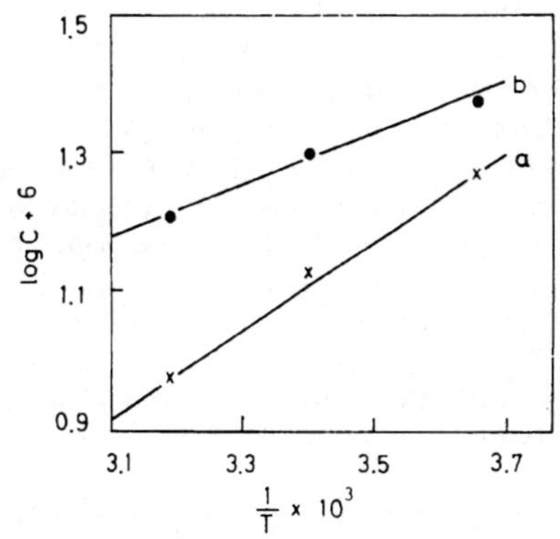

Fig. 6. Variation of the isotherm constant with the temperature
(a) – Cs^+; (b) – Rb^+

Tab. 2. Isotherm constants for the exchange of Cs^+ and Rb^+ on potassium cobalt hexacyanoferrate

	Temperature °C	$C \times 10^5$ gequiv · dm^{-3}	Q kJ · $mole^{-1}$
Cs^+	0	1·93	11·1
	20	1·38	
	40	0·97	
Rb^+	0	2·59	8·4
	20	2·00	
	40	1·63	

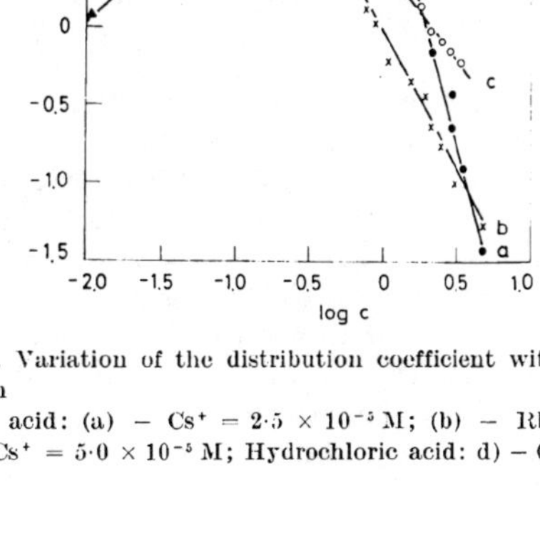

Fig. 7. Variation of the distribution coefficient with the acid concentration
Nitric acid: (a) – $Cs^+ = 2·5 \times 10^{-5}$ M; (b) – $Rb^+ = 2·5 \times 10^{-5}$ M; (c) – $Cs^+ = 5·0 \times 10^{-5}$ M; Hydrochloric acid: d) – $Cs^+ = 5·0 \times 10^{-5}$ M

The equilibrium distribution coefficient for the exchange process depends on the acid concentration of the solution in contact with the sorbent [13–15]. At a given caesium or rubidium ion concentration, a study was made of the variation of the equilibrium distribution coefficient $\left(K = \frac{x_\infty}{1 - x_\infty}\right)$ as a function of the nictric or hydrochloric acid concentration. The results are presented in Fig. 7. At a higher concentration of nitric acid, the distribution coefficient decreases considerably. The resason for this is that the ferrocyanide is partially oxidized to ferricyanide [15]; this is indicated by the change in colour of the sorbent. At high acid concentration the sorbent undergoes destruction and extensive dissolution [14]. If the caesium or rubidium ion concentration is fairly low ($2{\cdot}5 \times 10^{-5}$ M), then the data obtained for the distribution coefficient at lower acid concentrations are uncertain, because of the considerable exchange ($x_\infty > 99\%$). The variation of the distribution coefficient with the acid concentration was therefore also studied at a higher caesium concentration ($5{\cdot}0 \times 10^{-5}$ M) (Fig. 7c, d). In nitric acid the distribution coefficient varies with the acid concentration in accordance with a maximum curve, while in hydrochloric acid it increases monotonously up to a limiting value. The cause of the increase is that in acid solution the potassium cobalt hexacyanoferrate is transformed to hydrogen cobalt hexacyanoferrate [14].

The number of active centres determined with the isotherm method also varies with the acid concentration. The data of isotherm measurements in 0·6M nitric acid are to be seen in Fig. 8. The numbers of active centres determined from the slopes are as follows:

$z_{Cs^+} = 14{\cdot}8 \times 10^{-4}$ gequiv/g
$z_{Rb^+} = 3{\cdot}9 \times 10^{-4}$ gequiv/g (section I)
$z_{Rb^+} = 12{\cdot}2 \times 10^{-4}$ gequiv/g (section II)

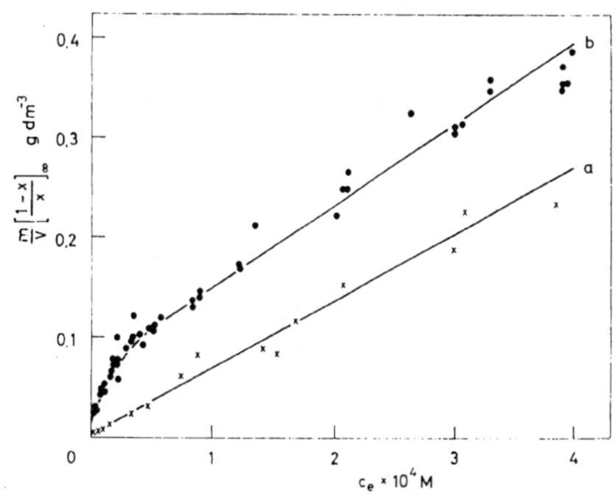

Fig. 8. Isotherms of the exchange of Cs^+ and Rb^+
Quantity of sorbent: 5 mg; Volume of solution: 50 ml; Nitric acid concentration: 0·6 M; (a) – Cs^+; (b) – Rb^+

The results of investigations relating to the kinetics of the exchange process are not discussed in detail in the present paper. Merely one example is presented (Fig. 9) to show that determination of the factor z/X characteristic of the energetic inhomogeneity of the sorbent is also essential with regard to the evaluation of the results of the kinetic measurements. The characteristic course of the rate curves for the exchange process (Fig. 10) demonstrates that the process commences with comparatively high rate, and the system than attains the equilibrium state with a lower

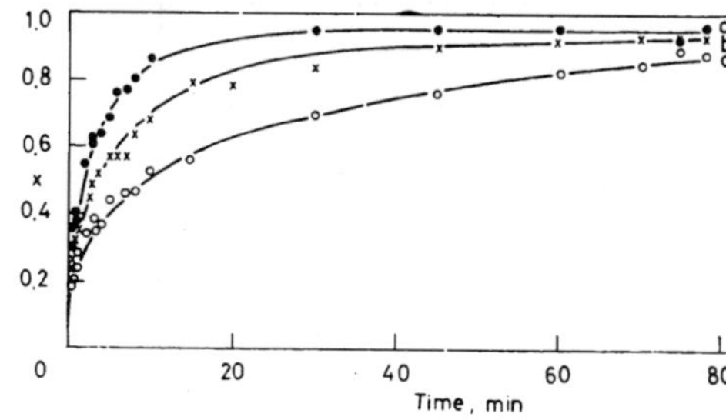

Fig. 9. Time course of the exchange of Cs^+
Quantity of sorbent: 5 mg; Volume of solution: 50 ml; $Cs^+ = 2{\cdot}5 \times 10^{-5}$ M. Temperature: (a) – 40 °C; (b) – 20 °C; (c) – 0 °C

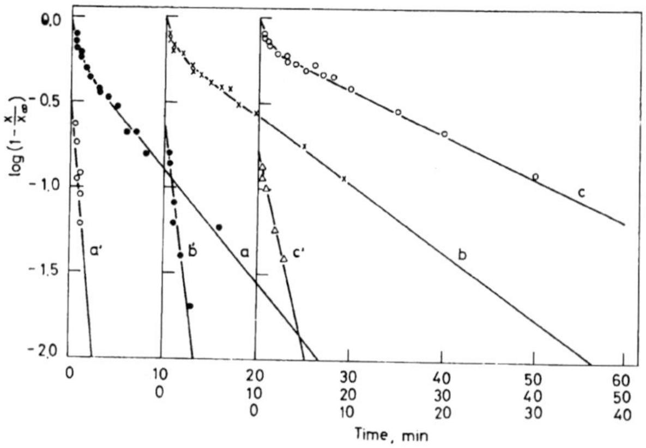

Fig. 10. Rate curves for the exchange of Cs^+ (based on the data of Fig. 9) (a), (a') – 40 °C; (b), (b') – 20 °C; (c), (c') – 0 °C

stationary rate. The course of the exchange in time may be given formally by the following equation [16–18]:

$$1 - F = A_1 e^{-k_1 t} + A_2 e^{-k_2 t} \tag{4}$$

where $F = x/x_\infty$, x_∞ is the amount exchanged in the equilibrium state, x is the amount exchanged at some optional time t, A_1 and A_2 are constant, k_1 is the rate constant for the initial section of the exchange, and k_2 is the rate constant for the stationary section. The rate constants of the part processes may be determined by graphical analysis [16 to 18] in the following manner. The slopes of the linear sections (a, b and c in Fig. 10) of the rate curves obtained from the experimental data may be used to determine the value of k_2, the rate constant for the stationary section, while the value of A_2 may be established from the inter-

Tab. 3. Rate constants and activation energies for the exchange of Cs^+

Temperature	Rate constant $k \times 10^3$ s^{-1}		
°C	k_1	k_2	$k_1 \exp -\frac{E_z}{RT}$
0	8·21	0·66	0·61
20	14·32	1·50	1·37
40	21·31	2·54	2·34
	Activation energy kJ		
E_1	15·3		
E_2	22·2		
$E_1 + E_z$	21·0		

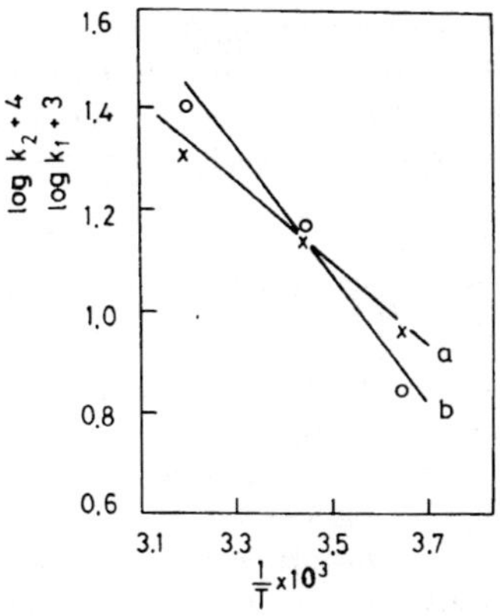

Fig. 11. Variation of the rate constant with the temperature (a) – k_1; (b) – k_2

cepts of the elongated linear sections with the axis. If the $A_2\,e^{-k_2t}$ values are substracted from each of the experimental data, then the straight lines a′, b′ and c′ of Fig. 10 result from plotting of the resulting data. The slopes of these lines yield the rate constant (k_1) for the initial section of the process. The values of the rate constants are listed in Tab. 3, together with the activation energies determined from the temperature coefficient of the rate constants (Fig. 11).

The activation energy for the stationary section agrees comparatively well with the sum of the activation energy for the initial section and E_z determined from the temperature coefficient of the number of active centres. This means that the rate constant of the stationary section may be calculated in the following way:

$$k_2 = k_1 \frac{z}{X} = k_0\, e^{-\frac{E_1}{RT}}\, e^{-\frac{E_z}{RT}} \qquad (5)$$

The k_2 values calculated via eqn. (5) are given in the final column of Tab. 3. The data agree fairly well with the k_2 values determined from the kinetic measurements. This confirms that determination of the factor z/X characteristic of the energetic inhomogeneity of the sorbent surface is worthy of attention as regards evaluation of the results of the kinetic measureents.

Received April 21, 1983

References

[1] *V. Kourim, J. Rais, B. Million*, J. Inorg. Nucl. Chem. **26** (1964) 1111

[2] *J. Krtil*, J. Inorg. Nucl. Chem. **27** (1965) 233

[3] *W. E. Proud, E. R. Russel, H. J. Groh*, J. Inorg. Nucl. Chem. **27** (1965) 473

[4] *K. H. Lieser, J. Bastian, A. B. H. Hecker, W. Hild*, J. Inorg. Nucl. Chem. **29** (1967) 815

[5] *E. A. Kosheeva, V. V. Volkhin*, Zh. Neorg. Khim. **12** (1967) 2760

[6] *S. Vlasselaer, W. D'Olieslager, D'Hont*, J. Inorg. Nucl. Chem. **38** (1976) 327

[7] *J. Krtil*, J. Chromatog. **21** (1966) 85

[8] *R. Boeckl, K. H. Lieser*, Radiochim. Acta **21** (1974) 57

[9] *L. M. Ivanova, V. P. Svedov*, Radiokhimiya **5** (1963) 185

[10] *K. Tereda, H. Hayakawa, K. Sawada, T. Kiba*, Talanta **17** (1970) 955

[11] *I. V. Tananajev, G. B. Sejfer, M. A. Gluskova*, Zh. Neorg. Khim. **2** (1957) 268

[12] *V. V. Volkhin, M. V. Zilberman, S. A. Kolesova, E. A. Sulga*, Zh. Prikl. Khim. **48** (1975) 54

[13] *J. Krtil, J. Chromatog.* **20** (1965) 384

[14] *J. Bastian, K. H. Lieser*, J. Inorg. Nucl. Chem. **29** (1967) 827

[15] *M. T. Ganzerli Valentini, S. Meloni, V. Maxia*, J. Inorg. Nucl. Chem. **34** (1972) 1427

[16] *L. Imre*, Kolloid-Z. **154** (1957) 119

[17] *L. Imre*, Kolloid-Z. **166** (1959) 122

[18] *L. Imre*, Acta Phys. Chim. Debrecen **11** (1956) 57

Isotopenpraxis **20** (1984) 3, S. 105–107

Preparation and Quality Control of ^{99m}Tc Labelled Ca-Glucoheptonate

B. Zmbova, D. Djokić, V. Jovanović[1]), *A. Burić*[2])

([1]) The Boris Kidrich Institute of Nuclear Sciences, Vincha, Belgrade, Yugoslavia; [2]) Clinical Center "Braća Dr Sobol", The Institute of Nuclear Medicine, Rijeka, Yugoslavia)

A procedure for the instant labelling of lyophilised Sn-Ca-glucoheptonate by ^{99m}Tc is presented. Chemical and biological properties of the final product are studied. A high labelling yield (95—98%) is obtained by radiochemical methods with the pH value ranging between 6 and 7. Results of biodistribution study shows that the portion of the agent, 18–25% of the injected dose, retains in kidney one hour after the injection.

Ein Verfahren zur Schnellmarkierung von lyophilisiertem Sn-Ca-Glukoheptonat mit ^{99m}Tc wird vorgestellt. Untersucht werden die chemischen und biologischen Eigenschaften des Endprodukts. Eine hohe Markierungsausbeute (95 bis 98%) wird mit radiochemischen Methoden bei pH-Werten zwischen 6 und 7 erzielt. Die Ergebnisse der Untersuchung der Bioverteilung zeigen, daß ein Teil des Agens, d. h. 18–25% der injizierten Dosis, bis eine Stunde nach der Injektion in der Niere verbleibt.

Keywords

blood-plasma clearance; distribution; labelling; rats; technetium 99m; technetium compounds; tissues

Introduction

For the past few years ^{99m}Tc-glucoheptonate has found various diagnostic applications in nuclear medicine. Mainly, this agent is used for the dynamic and static investigations of kidney [1]. However, it also can be used for brain scintigraphy [2–5], for imaging myocardial infraction [6–8] and tumorous tissue in lungs [9].

Glucoheptonate is a renal agent; belongs to saccharide group and is normal metabolit of the human body. It is easy to obtain and can be prepared in the form of a sterile kit. However, our observations and study indicated that this preparate cannot be prepared in the lyophilised form without adding of stabilisers. After studying many various compounds, we found that the succinic acid is the best stabiliser.

Materials and Methods

110 g $SnCl_2 \cdot 2\ H_2O$ is disolved in 5 ml 1 N HCl, poured in a normal 10 ml flask and filled up to the top with water. 1·5 ml of this solution is added to 100 ml Ca-glucoheptonate of 90 mg/ml concentration. The solution is degassed in a nitrogen stream and then 0·25 mg of succinic acid and 50 ml 0·9% NaCl was added. The *p*H is adjusted to 6·5 to 7·0 with NaOH solution, and after filtration in a sterilising cellulose membrane (Miliport filter of 0·22 μm) 3 ml of the solution is dispensed into penicylline vials and lyophilised and sealed in vacuum. Each vial contained 180 mg Ca-glucoheptonate, 0·3 mg $SnCl_2$ 2 H_2O, 9 mg NaCl and 5 mg succinic acid. The lyophilised complex Sn-Ca-glucoheptane was labelled by addition of the sterile Na $^{99m}TcO_4$.

Various chemical methods were used to follow the labelling yield. The paper chromatography with 85% methanol, in the developer of n-buthanolacetic acid and water taken in volume ratio 4:1:1, ITLC and electrophoresis (electrolyte 0·17 N NaCl).

The distribution per organ was followed on Albino rats (250 g), by injecting 37–74 kBq of the labelled ^{99m}Tc-Ca-glucoheptonate complex. Animals were sacrified at different times after the injection and the radioactivity measured: activity per organ against the total activity injected. The blood clearence was also determined for this compound. The rats were weighted, interperitonelly injected anaestesia (1 ml 25% uretane), and intravenously 1 ml 5% heparine. Following the preparation of aorta carotide and positioning of sampling catheter, ^{99m}Tc-Ca-glucoheptonate was injected in an animal tail vein. Blood samples were taken in different times and their activity measured.

Results and discussion

The procedure described has been the result of the experimental study designed to optimise all the parameter of labelling: weight ratio Sn(II) and Ca-glucoheptonate, *p*H-value of the solution and the quantity of stabilisers.

The influence of the amount of tin on the labelling yield as well as the amount of SnCl · 2 H_2O in mg needed for 180 g Ca-glucoheptonate is given in Tab. 1.

The highest labelling yield is achieved with 0·1–0·2 mg $SnCl_2 \cdot 2\ H_2O$. The quantity of the hydrolysate increases with the increase of the amount of tin. The *p*H value between 6·5 and 7 was proved to be the best one for achieving the best labelling yield. The methods used for following the radiochemical purity of the labelled compound are presented in Tab. 2.

Tab. 1. The influence of the amount of tin on the labelling yield

$SnCl_2 \cdot 2\ H_2O$ mg	Hydrolysate ^{99m}Tc %	Free TcO_4^- %	^{99m}Tc-Ca-glucopheptonate %
0·05	—	5	95
0·1	3	0·1	97
0·2	2	0·1	98
0·5	10	—	90

Tab. 2. Rf-values obtained by different radiochromatographic methods

Different ^{99m}Tc-forms	Tin-layer chromatography on silicagel acetone: 0·9% NaCl	Radiochromatography on Whatmann No. 1 paper n-buthanol-acetic acid-H_2O (4:1:1)	85% (methanol
^{99m}Tc-Ca glucohept.	0·36	0·5	0·3
$^{99m}TcO_4^-$	0·75	0·2	0·7
^{99m}Tc-hydrolysate	0·0	0·0	0·0

Tab. 3. The tissue distribution of ^{99m}Tc-Ca-glucoheptonate at various time intervals

Organs	Time after injection, min					
	15	30	60	120	180	240
Kidneys	16	18	20	25	18	17
Liver	2	1·15	1·2	1·4	1	1·2
Lungs	0·4	0·2	0·2	0·1	0·2	0·1
Spleen	0·3	0·3	0·6	0·2	0·2	0·1
Stomach	0·5	0·4	0·2	0·3	0·2	0·1

The tissue distribution in animals was followed by determining the activity against the injected dose. Animals were sacrified at various times: 15, 30, 60, 120, 180 and 240 minutes after the injection, and the results are given in Tab. 3. It is evident from the Tab. 3 that ^{99m}Tc-Ca-glucoheptonate is selective of kidneys, while the activity in other organs is considerably lower. The maximum accumulation in kidneys amounts to 25% of the injected activity and is reached two hours after the application.

Tab. 4. Preparation stability after labelling at various time intervals on tested animals

Organs	Time, min			
	30	60	120	240
Kidneys	21·6	20	24·5	21·4
Liver	2·5	1·4	0·9	0·85
Spleen	0·1	0·1	0·05	0·05
Lungs	0·2	0·1	0·08	0·1
Stomach	0·5	0·4	0·6	0·6

Tab. 5. Stability time of the lyophilised kit followed on tested animals

Organs	Time, months		
	1	3	6
Kidneys	20	25	22
Liver	1·3	1·5	1·2
Lungs	0·1	0·09	0·05
Stomach	0·8	0·5	0·7

Tab. 6. The blood clearence of ^{99m}Tc-glucoheptonate in Albino rats

№ rat	Weight g	A_0 imp./min	$T/2$ (a) min	Bo imp./min	$T/2$ (b) min	Cl ml/min
1	240	500.000	6	212.500	70	0·84
2	247	150·000	6	92·000	95	0·97
3	250	160·000	7	88·000	88	1·04

Cl = 0.94 ml/min

The ^{99m}Tc-Ca-glucoheptonate stability was followed by the determination of biodistribution of agent per organ of the tested animal at various time intervals after the labelling. The results are shown in Tab. 4. Also, the stability of the lyophilised kit was studied, and the results of biodistribution study are given in Tab. 5.

These results prove that Sn-glucoheptonate remains stable six months from the day of preparation. The blood clearence of the ^{99m}Tc-Ca-glucoheptonate is determined also and the the results are shown in Tab. 6. The blood clearence of this preparate was calculated in the usual way, as described in [10].

The results in Tab. 6 show biological half time excretion and the blood clearence.

The ^{99m}Tc-Ca-glucoheptonate, which provides the dynamic and static information of kidneys, was applied at the Clinical Hospitals and are especially good in pediatrics pathology because of its rapid blood and urinary clearece. The adult doses of ^{99m}Tc-Ca-glucoheptonate are 111 to 148 Mbq, and for childred considerably lower. A sequential scintigraphy was done at time intervals of 5, 15, 30 and 90 minutes. These time intervals can be different depending on the requests for clinical diagnosis.

The ^{99m}Tc-Ca-glucoheptonate is especially used in case when the necessity occurs for scintiphotos of parenchyma and drenage system, most often at the obstructive orupathy.

Sinetiphotoses 1a and 1b show the sequential scintigraphy of kidney of a ten year old child who is suspected of maldrenage of urine on the right side. The clear lateralization is visible. Figure 1a shows intensive uptake activity in drenage system after 30 minutes. Fig. 1b indicated that this activity remains persistant even after 120 minutes.

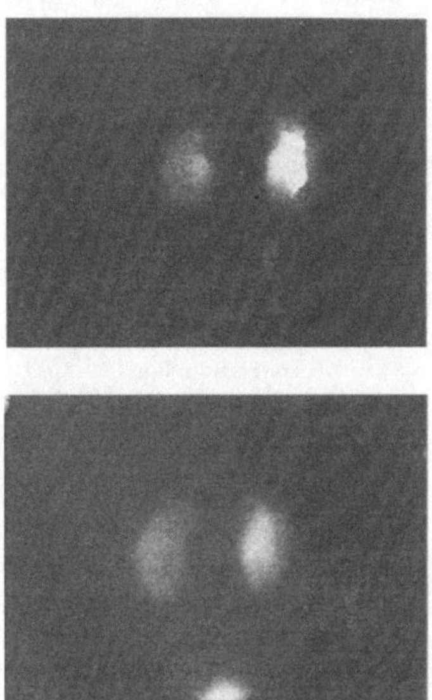

a

b

Fig. 1a, 1b. Seqventinl scintigraphy of kidneys obtaind on a 10 year child

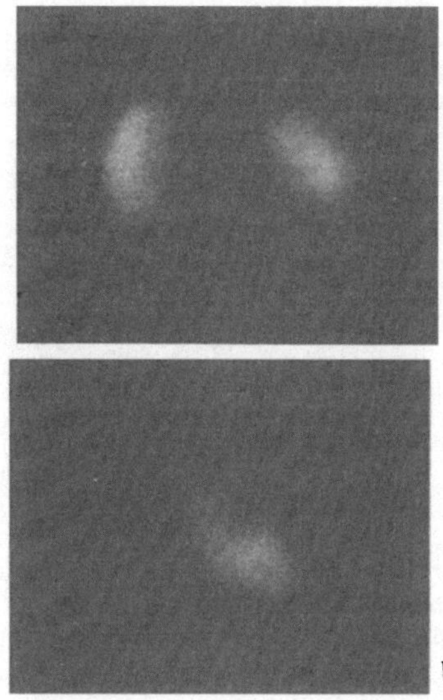

a

b

Fig. 2a, 2b. Morphological shape of a patologic kidney

It is obvious that this is the case of a longer retention of ^{99m}Tc-glucoheptonate in drenage system of a right kidney. So, it could be concluded that the child has hydronephrosis of the right kidney.

Statistic scintigrams with ^{99m}Tc-Ca-glucoheptonate enable a good morphologic interpretation of kidney parenchyma. Fig. 2a shows a sharply framed cold zone of the lower position of the right kidney and Fig. 2b gives even better information of the right lateral projection. All these point out to the diagnosis of a cyst on a dorsal part of the lower third of the right kidney.

Conclusion

On the basis of the results presented it can be concluded that ^{99m}Tc-Ca-glucoheptonate satisfied the conditions optimal for its application. Maximum accumulation in kidneys is achieved 1 to 2 hours after application, while the activity in other tissue of human body, especially in liver is very low, the blood clearence being fast, the radiochemical complex is pure and stable.

All above mentioned properties make this preparate suitable for a wide range applications in nuclear medicine diagnosis.

Received April 21, 1983
Accepted in revised form: June 2, 1983

References

[1] *W. R. Arnold* et al., J. Nucl. Med. **16** (1975) 357
[2] *A. D. Waxman* et al., J. Nucl. Med. **17** (1976) 345
[3] *J. Léveillé* et al., J. Nucl. Med. **18** (1977) 957
[4] *F. D. Rollo, R. R. Cavalleri* et al., Radiology **123** (1977) 379
[5] *D. E. Tanasescu* et al., J. Nucl. Med. **20** (1979) 287
[6] *D. Bennett-Fink* et al., J. Nucl. Med. **23** (1982) 17
[7] *J. D. Rossman* et al., J. Nucl. Med. **15** (1974) 52
[8] *N. Adler* et al., J. Nucl. Med. **17** (1975) 203
[9] *M. Vorne* et al., J. Nucl. Med. **23** (1982) 250
[10] *M. Gibaldi, D. Perrier*, Pharmacokinetics. New York: Marcel Dekker Inc., 1975, p. 48

Isotopenpraxis **20** (1984) 3, S. 108–109

Präparative Darstellung von $^{15}NO_2BF_4$ and $^{15}NOBF_4$

P. Kränke, M. Wahren

(AdW der DDR, Zentralinstitut für Isotopen- und Strahlenforschung)[1])

Für die Titelverbindungen werden Synthesevorschriften angegeben, die ihre Darstellung in hoher chemischer Reinheit und ohne Abreicherung an ^{15}N ermöglichen. Ein Stickstoffisotopenaustausch zwischen $NOBF_4$ und $^{15}N_2O_3$ wurde nachgewiesen, er verläuft jedoch zu langsam für präparative Zwecke.

Procedures are given for the title compounds, which allow their preparation in high chemical purity and without any depletion of the ^{15}N-content. A nitrogen isotope exchange between $NOBF_4$ and $^{15}N_2O_3$ was found, but it is too slow for preparative purposes.

Keywords

boron fluorides; chemical preparation; isotopic exchange; nitrogen 15; nitrogen compounds

Einleitung

Für Untersuchungen über die elektrophile Substitution an Komplexliganden benötigten wir Nitryltetrafluoroborat und Nitrosyltetrafluoroborat mit hoher ^{15}N-Häufigkeit. Diese außerordentlich reaktiven Verbindungen können auch für andere Untersuchungen von Interesse sein.

Im folgenden werden einige Besonderheiten gegenüber den Synthesen der unmarkierten Verbindungen mitgeteilt, die zu beachten sind, um gute Qualität der Produkte und zufriedenstellende Ausbeuten zu erreichen.

Nitryltetrafluoroborat-^{15}N

Die Darstellungsmethode basiert auf einer Vorschrift von *Schmeißer* und *Elischer* [1]. Die Autoren weisen mit Recht darauf hin, daß die Ausgangsverbindungen N_2O_5, BF_3 und HF wasserfrei sein müssen und die Reaktion unter Feuchtigkeitsausschluß ablaufen muß, wenn nicht erhebliche Ausbeuteverluste hingenommen werden sollen. Ferner tritt beim Aufbewahren von N_2O_5 ein teilweiser Zerfall zu Stickoxiden niedrigerer Wertigkeitsstufen auf, die unter den Versuchsbedingungen zu nicht abtrennbarer Verunreinigung mit $NOBF_4$ führen. Deshalb sollte frisch hergestelltes N_2O_5 verwendet werden, eine kürzere Lagerung unter O_2 bei 195 K (Trockeneis) ist möglich.

Bei Einsatz von $^{15}N_2O_5$ (aus abs. $H^{15}NO_3 + P_2O_5$ nach [2]) ist zusätzlich auf einen zügigen Reaktionsablauf zu achten. Alle benötigten Materialien und Apparaturen müssen bereitstehen und das entstandene $^{15}NO_2BF_4$ sofort durch Evakuieren auf mindestens 10^{-3} Torr über mehrere Stunden getrocknet werden, da sonst das einzige geeignete Reaktionsmedium Nitromethan sehr fest an das Produkt gebunden wird und äußerlich völlig trockene pulvrige Präparate nach der Umarbeitung in N_2-Gas zur massenspektrometrischen Analyse mit CuO/Cu nach [3] einen beträchtlichen Anteil von CO_2 im Meßgas und Abreicherungen an ^{15}N bis 30 At-% ergaben. Die im experimentellen Teil angegebene Arbeitsweise führt jedoch zu einem für präparative Zwecke genügend reinen $^{15}NO_2BF_4$ mit korrekter Analyse für N, gleicher ^{15}N-Häufigkeit wie im eingesetzten N_2O_5 und 0,1% CO_2 im Meßgas nach [3]. Die titrimetrischen Gehaltsbestimmungen (s. 4) ergaben einen Gehalt von >98%, darunter <1% $^{15}NOBF_4$.

Nitrosyltetrafluororat-^{15}N

Die allgemein verwendete Synthese von unmarkiertem $NOBF_4$ [4] aus N_2O_3 und konz. HBF_4 schließt Wasser nicht völlig aus und erfordert einen Überschuß an N_2O_3.

Daher wurde versucht, $^{15}NOBF_4$ eventuell einfacher durch chemischen Austausch zwischen $^{15}N_2O_3$ und unmarkiertem $NOBF_4$ zu gewinnen. Ein solcher Austausch sollte in Gegenwart geringer Wassermengen über HNO_2 nach den Gleichgewichtsreaktionen $HNO_2 + HBF_4 \rightleftharpoons H_2O + NOBF_4$ bzw. $N_2O_3 + H_2O \rightleftharpoons 2\,HNO_2$ prinzipiell möglich sein. Es wurde nachgewiesen, daß ein solcher Austausch tatsächlich stattfindet; unter den im experimentellen Teil angeführten Versuchsbedingungen hatten sich jedoch nach 96 h nur rund 10% des Austauschgleichgewichtes eingestellt (ber.: 45 At-% ^{15}N, gef. 4,1 At-% ^{15}N). Es ist vermutlich möglich, durch Optimierung der Austauschbedingungen bessere Resultate zu erhalten; die nachstehend beschriebene glatt verlaufende Synthese aus $^{15}NO_2$ dürfte jedoch vorzuziehen sein.

Wir fanden, daß reines $^{15}NOBF_4$ analog der Synthese von $^{15}NO_2BF_4$ erhalten werden kann, wenn $^{15}NO_2$ anstelle $^{15}N_2O_5$ eingesetzt wird. Bei der Reaktion $N_2O_4 + BF_3 + HF \rightarrow NOBF_4 + HNO_3$ entsteht kein Wasser, daher verläuft die Synthese recht glatt und liefert ein reines Produkt, das frei von $^{15}NO_2BF_4$ ist und für präparative Zwecke ohne weiteres eingesetzt werden kann. Zur Analyse kann es nach [4] im Vakuum (~1 Pa) sublimiert werden.

Experimenteller Teil

1. $^{15}NO_2BF_4$

1,1 g (10 mmol) $^{15}N_2O_5$ werden in einem 100-ml-Rundkolben in 15 ml wasserfreiem Nitromethan gelöst, auf 195 K abgekühlt, evakuiert und bei Raumtemperatur mit BF_3 gesättigt. Dabei fällt ein weißer Niederschlag ($N_2O_5 \cdot BF_3$) aus, der nach Entfernen von überschüssigem BF_3 in so viel Nitromethan zu lösen ist, daß eine klare Lösung entsteht (ca. 70 ml).

[1]) Anschrift: 7050 Leipzig, Permoserstr. 15

Beim Einleiten der stöchiometrischen Menge wasserfreier Flußsäure auf die Oberfläche der Nitromethanlösung bei Raumtemperatur fällt das NO_2BF_4 aus. Nach beendeter Umsetzung wird die Lösung ca. 5 min auf 273 K abgekühlt, abgefrittet und durch Evakuieren auf mindestens 10^{-1} Pa von restlichem Lösungsmittel befreit. NO_2BF_4 reagiert mit Spuren von Wasser und muß aus diesem Grunde unter Luftabschluß oder über P_2O_5 aufbewahrt werden.

2. *Austausch zwischen $^{15}N_2O_3$ und $NOBF_4$*

185 mg (2,64 mmol) $Na^{15}NO_2$ mit 96,2 ± 0,1 At-% ^{15}N wurden in einem evakuierten Gefäß bei 273 K mit 1 ml 50%iger H_2SO_4 umgesetzt und das entstehende N_2O_3 mit wenig H_2O auf 350 mg (3 mmol) $NOBF_4$ mit natürlicher isotoper Zusammensetzung kondensiert, das sich in einem evakuierten *Schlenk*gefäß bei 185 K befand. Das Gefäß mit $N_2O_3 + NOBF_4$ wurde 96 h bei 298 K stehengelassen, zwischendurch zur besseren Durchmischung das N_2O_3 noch 5mal auf dem $NOBF_4$ durch Kühlen kondensiert.

Danach wurden die flüchtigen Komponenten restlos abgepumpt und das $NOBF_4$ unter trockenem Ar aufbewahrt. Es enthielt 4,1 ± 0,1 At-% ^{15}N.

3. *$^{15}NOBF_4$*

Die Umsetzung von $^{15}NO_2$ mit BF_3 und HF verläuft in Analogie zu 1.

Bei Einsatz von 0,94 g (20 mmol) $^{15}NO_2$ kann in identischer Weise vorgegangen werden. Das Lösen der weißen Anlagerungsverbindung erfordert in diesem Fall nur ca. 50 ml Nitromethan. Ausbeute: 1,14 g ≙ 97% d. Th.

4. *Analytik*

Stickstoffbestimmung. Die Ermittlung des Stickstoffgehaltes von $^{15}NO_2BF_4$ bzw. $^{15}NOBF_4$ sowie der Isotopenzusammensetzung des enthaltenen Stickstoffs erfolgte auf zwei verschiedenen Wegen, einmal nach Reduktion der Verbindungen mit Cu/CuO als Katalysator (873 K, 10 h) [3] durch volumetrische und massenspektrometrische Bestimmung des Stickstoffs, zum anderen mit Hilfe der Stickstoffbestimmungsmethode nach *Kjeldahl* und anschließender Aufarbeitung des Ammonchlorids [3] für die massenspektrometrische Analyse.

Die erhaltenen Werte stimmten gut überein.

CO_2-Bestimmung. Das Kohlendioxid, das sich aus unserem NO_2BF_4 bei der Umsetzung zu N_2 nach [3] bildete, wurde in Zusammenhang mit der N_2-Bestimmung massenspektrometrisch gemessen.

$NOBF_4$-Gehaltsbestimmung. Der $NOBF_4$-Gehalt im Nitryltetrafluoroborat wurde durch Titration einer wäßrigen Lösung des NO_2BF_4 mit N/100 $KMnO_4$ erhalten, wobei die Hydrolyse zur quantitativen Absorption von NO im geschlossenen Gefäß erfolgen muß.

Titration mit Alkali [5]. Die Titration des hydrolysierten Produktes wurde mit N/100 NaOH gegen Methylrot im Falle von NO_2BF_4 und gegen Phenolphthalein im Falle von $NOBF_4$ ausgeführt.

Eingegangen am 25. 4. 1983

Literatur

[1] *M. Schmeißer, S. Elischer,* Z. Naturforschg. **7b** (1952) 583
[2] *G. Brauer* (ed.), Handbuch der Präparativen Anorganischen Chemie, Bd. I. 2. Aufl. Stuttgart: Ferdinand Enke Verlag 1960, S. 439
[3] *W. Rolle, M. Schaaf,* Isotopenpraxis 8 (1972) 170
[4] wie [2], S. 212
[5] *A. A. Wolf, H. J. Emeleus,* J. Chem. Soc. London **1950**, 1050

Isotopenpraxis **20** (1984) 3, S. 109–111

Tagungsberichte

15. Internationales Symposium „Strahlenschutzphysik" vom 8. bis 11. März 1983 in Dresden

An dem vom Wissenschaftsbereich Strahlenschutzphysik der Sektion Physik der TU Dresden veranstalteten Symposium nahmen Wissenschaftler aus 6 sozialistischen Ländern (UdSSR, ČSSR, VR Polen, VR Ungarn, SFRJ und DDR) von insgesamt 23 Institutionen teil. In 39 Vorträgen (Fortschritts- und Forschungsberichten), die in 6 Themenkomplexe gegliedert waren, wurden neue Forschungsergebnisse und Entwicklungstendenzen auf dem Gebiet der Strahlenschutzphysik vorgestellt.

Der erste Themenkomplex beschäftigte sich mit zukünftigen Aufgaben der Strahlenschutzphysik. *B. Dörschel* (DDR/Dresden) sprach zu „Untersuchungen von Neutronen- und Gamma-Strahlungsfeldern an Tokamak-Fusionsreaktoren", während *V. Schuricht* (DDR/Dresden) auf Fragen der „Meßtechnik für den Strahlenschutz des Personals an Fusionsreaktoren" einging.

Der zweite Themenkomplex behandelte allgemeine Fragen der Strahlenschutzphysik und der Meßtechnik im Strahlenschutz. Einleitend referierte *N. Ninković* (SFRJ/Belgrad) zu „Auswirkungen der ICRP-Empfehlung 26 auf die Strahlenschutzpraxis". „Eine Näherung zur Ermittlung der Neutronendosis für Strahlenschutzzwecke" wurde von *D. Nikodemová* (ČSSR/Bratislava) vorgestellt. Anschließend sprach *A. Hrabovcová* (ČSSR/Bratislava) über die „Bestimmung des effektiven Dosisäquivalents von Neutronen". *P. Klinger* und *K. Prokert* (DDR/Dresden) zeigten „Mögliche Anwendungen von HgI_2-Detektoren in der Strahlenschutzmeßtechnik" auf, wobei sie Bezug auf die gegenwärtige Tendenz zur verstärkten Anwendung von Festkörperdetektoren im Strahlenschutz nahmen. Ein Teil dieses Themenkomplexes beschäftigte sich mit Problemen der Meßgenauigkeit. *W. Kraus* und *D. Herrmann* (DDR/Berlin) gaben einen Überblick über „Zulässige Fehler bei Strahlenschutzmessungen und daraus abzuleitende metrologische Forderungen". „Der kleinste beobachtbare Wert eines Strahlenschutzmeßgerätes und sein statistischer Fehler" wurden von *K.-H. Weber* (DDR/Dresden) mathematisch beschrieben und diskutiert. *M. Schüttmann* (DDR/Berlin) erläuterte an Beispielen aus der medizinischen Praxis die Bedeutung der Meßgenauigkeit im Strahlenschutz. *V. Schuricht* und *B. Dörschel* (DDR/Dresden) sprachen zu Problemen der „Optimierung von Kombinationsdosimetern". Der Vortrag von *V. Schuricht* beschäftigte sich mit grundlegenden Überlegungen, während *B. Dörschel* Ergebnisse von Untersuchungen an speziellen Kombinationsdosimetern darlegte. Am Ende dieses Themenkomplexes stelle *G. Schubert* (DDR/Dresden) „Neue Erzeugnisentwicklungen des VEB Robotron-Meßelektrik ‚Otto Schön' Dresden" vor.

Ein dritter Themenkomplex beinhaltete Vorträge zu Problemen des Strahlenschutzes an Kernanlagen und Beschleunigern. *S. Deme* (UVR/Budapest) informierte über ein „On-line Umgebungsüberwachungssystem für Kernanlagen", während *L. Ackermann* (DDR/Berlin) den „Entwicklungsstand der Meßtechnik zur Erfassung erhöhter gasförmiger Aktivitätsauswürfe aus KKW" einschätzte. Der Vortrag von *D. Zappe* und *K. Runge* (DDR/Dresden) befaßte sich mit „Gesichtspunkten der Sicherheitsanalysen für die Untergrundlagerung radioaktiver Abfälle". Anschließend sprach *E. Pulz* (DDR/Berlin) zum „Vergleich der Auslegungsrechnungen mit Messungen der Neutronen- und Gamma-Strahlung am AKR der TU Dresden". In den nachfolgenden drei Vorträgen wurden Fragen der Hochenergiephysik behandelt. *M. M. Komochkov* (UdSSR/Dubna) beschäftigte sich mit der „Bestimmung der Strahlensituation und dem Schutz bei der Wechselwirkung relativistischer Kerne mit Stoffen", wobei sowohl theoretische Zusammenhänge dargelegt als auch experimentelle Ergebnisse angegeben wurden. Ein Rechenprogramm und die mathematischen Grundlagen zur „Bestimmung von Bremsvermögen und Reichweiten für schwere geladene Teilchen im Energiebereich von 1 keV/amu bis 10 GeV/amu" stellte *J. Henniger* (UdSSR/Dubna) vor. *N. V. Mokhov* (UdSSR/Serpuchov) gab einen Überblick über „Teilchenspektren für den Strahlenschutz an großen Protonenbeschleunigern". Zum Abschluß dieses Themenkomplexes behandelten *J. Hermanska* und *Z. Prouza* (ČSSR/Prag) „Neutronenfelder an abgeschirmten Neutronenquellen in Laboratorien".

Im vierten Themenkomplex waren die Vorträge zur Thematik „Festkörperspurdetektoren und neue Tendenzen der Festkörperdosimetrie" zusammengefaßt. Der erste Teil beinhaltete Vorträge zu Problemen bei MOS-Neutronen-Sensoren und Elektreten. *B. Dörschel* (DDR/Dresden) ging auf die „Gegenwärtige Situation und zukünftige Aufgaben bei der Entwicklung von MOS-Neutronen-Sensoren" ein, während *G. Streubel* und *G. Pretzsch* (DDR/Dresden) über die „Untersuchung physikalischer Eigenschaften von MOS-Sensoren für den Neutronennachweis" berichtete. Im Vortrag von *G. Pretzsch, B. Dörschel* und *T. Uhlig* (DDR/Dresden) wurden „Elektrete — ihre Eigenschaften und Anwendung in der Strahlendosimetrie" vorgestellt. Den zweiten Teil dieses Themenkomplexes eröffnete *F. Spurny* (ČSSR/Prag) mit dem Vortrag „Nachweis hochenergetischer Teilchen mit Festkörperspurdetektoren". Der anschließende Vortrag von *Z. Prouza, J. Hermanska* und *J. Trousil* (ČSSR/Prag) beschäftigte sich mit der Interpretation der Meßeffekte von Festkörperspurdetektoren für die Routineüberwachung von Arbeitern an Neutronenquellen". Unter dem Thema „Beiträge zur Neutronendosimetrie mit Festkörperspurdetektoren" wurden von *G. Streubel* und *Ch. Melde* (DDR/Dresden) eine automatische Ätzapparatur und ein Funkenzähler zur Messung hoher Spurdichten vorgestellt.

Der fünfte Themenkomplex war der Lumineszenzdosimetrie gewidmet. *K. Hübner, J. Fellinger, P. Schmidt* und *J. Henniger* (DDR/Dresden) gaben einen Überblick über die theoretische und experimentelle Ermittlung von Bremsvermögen für schwere geladene Teilchen in Tl-Phosphoren". *M. Waligorski* (VR Polen/Krakow) ging in seinem Vortrag auf Fragen der Hoch-LET-Empfindlichkeit von Thermolumineszenzdosimetern und Spurstruktur-Theorie" ein. Der Vortrag von *K. Hübner, J. Fellinger* und *J. Henniger* (DDR/Dresden) behandelte Probleme der „Neutronendosimetrie mit Lumineszenzdetektoren". Anschließend führte *V. I. Gotlib* (UdSSR/Riga) eine „Vergleichende Betrachtung von Peak- und Integralmethoden in der Thermolumineszenzdosimetrie" durch. *J. Fellinger, K. Hübner, Ch. Melde, P. Schmidt* und *J. Henniger* (DDR/Dresden) stellten ein „Neues Verfahren für die Auswertung von OSL-Detektoren" vor. „Eine rechnergestützte Methode für die Diskriminierung von Beta- und Gamma-Dosen in einem dicken Thermolumineszenzdosimeteter" wurde von *P. Sahre* (DDR/Rossendorf) beschrieben. Der Vortrag von *J. Trousil, J. Průša* u. a. (ČSSR/Prag) beschäftigte sich mit den „Grundlegenden dosimetrischen Charakteristiken des tschechoslovakischen TL- und Neutronendosimeters".

Der letzte Komplex hatte freie Themen zum Inhalt. *T. Niewiadomski* (VR Polen/Krakow) sprach über ein „Integrierendes Radon- und WL-Meter", während *S. Przyborowski* (DDR/Berlin) zu Problemen der Ableitung von minimal signifikanten Aktivitäten für Gruppen von Radionukliden" referierte. Im Vortrag von *T. Čechak, J. Kluson, J. Krasnicka* (ČSSR/Prag) wurde die „Anwendung der Monte Carlo-Methode für die Kalibrierung in der Luftaufklärungsdosimetrie" analysiert. *K. Dettmann* und *H. Klucke* (DDR/Berlin) beschäftigten sich in ihrem Vortrag mit der Flüssigszintillationsspektrometrie mit Impulsformanalyse". Abschließend erläuterte *J. Steuer* (DDR/Berlin) Probleme „Zur Schutzwirkung von Bleigummi-Schutzbekleidung bei Röntgenstrahlung".

Das Vortragsprogramm des 15. Internationalen Symposiums „Strahlenschutzphysik" gewährleistete den Austausch modernster Forschungsergebnisse auf dem Gebiet des Strahlenschutzes im Rahmen des RGW. Darüber hinaus wurde ein Überblick über internationale Entwicklungstendenzen in der Strahlenschutzphysik gegeben. Der größte Teil der Vorträge und die Diskussionen waren durch ein hohes wissenschaftliches Niveau gekennzeichnet. Die Durchführung der in den vergangenen Jahren als „Winterschule Strahlenschutzphysik" ausgewiesenen Veranstaltung als internationales Symposium hat sich bewährt und wird auch künftig beibehalten. Das 16. Internationale Symposium „Strahlenschutzphysik" wird in der Zeit vom 5. bis 9. März 1984 in Dresden stattfinden. Eine Veröffentlichung einzelner Vorträge erfolgte im Heft 9/1983 der Zeitschrift „Kernenergie".

G. Streubel

Eingegangen am 31. 8. 1983

XVIII. Generalversammlung der International Union of Geodesy and Geophysics (IUGG) vom 15. bis 27. August 1983 in Hamburg

Im Rahmen dieses Kongresses organisierte die International Association of Meteorology and Atmospheric Physics (IAMAP) ein eintägiges Symposium über „The Application of Stable Isotopes to Problems of the Atmosphere, Cryosphere and Ocean". Die Vorträge und Diskussionen machten deutlich, daß die Isotopengeochemie bedeutende Beiträge zur Aufklärung des Wasserkreislaufes leistet. Als Stoßrichtungen wurden erkennbar die Modellierung der im natürlichen Kreislauf des Wassers ablaufenden Prozesse der Trennung der Wasserstoff- und Sauerstoffisotope als

Basis der meteorologischen und hydrologischen Interpretation der δD- und $\delta^{18}O$-Werte und die zunehmende Nutzung dieser Daten für die paläoklimatische und paläoozeanologische Forschung bis zurück ins Pleistozän. Auch Messungen der $\delta^{13}C$-Werte der sich im ozeanischen wie im limnischen Bereich ausscheidenden Karbonate, fossiler Kohlenstoffvorkommen bzw. pflanzlichen Materials und Messungen des Tritiumgehalts werden in solche Untersuchungen einbezogen. *S. Joussaume*, *J. Jouzel* und *R. Sadsourny* berichteten über den beispielhaften Versuch einer globalen Modellierung von δD- und $\delta^{18}O$-Werten im Niederschlagswasser. Das Modell berücksichtigt folgende aufeinanderfolgende Stufen des Wasserkreislaufs: Verdunstung — vertikale Diffusion — horizontaler Transport durch Luftmassen — konvektive Diffusion — Kondensation — Wiederverdunstung. Für die Bildung von Schnee wird ein offenes System (*Rayleigh*-Sublimation), für die Bildung großer Regentropfen ebenfalls ein offenes System und für die Bildung kleiner Regentröpfchen ein geschlossenes System angenommen. Bei niedrigen geographischen Breiten zeigt sich gute Übereinstimmung zwischen Theorie und Experiment. Nach Behebung der noch anhaftenden Mängel sollte das Modell der Paläoklimatologie und anderen Gebieten der Erforschung atmosphärischer Prozesse gute Dienste leisten. Im Rahmen eines Posters wurden von *M. M. Fowler*, *E. I. Mroz* und *P. R. Guthals* Ergebnisse der Anwendung von $^{12}CD_4$ und $^{13}CD_4$ als Tracer zur Verfolgung von Luftmassenbewegungen vorgestellt. Die Methode macht Gebrauch vom geringen Untergrund der Massen 20 und 21 (nur ^{20}Ne bzw. ^{21}Ne) im Massenspektrum der Luft und von der toxikologischen Unbedenklichkeit des Methans. Auf diese Weise lassen sich Luftströmungen über Entfernungen von über 1000 km verfolgen.

Der Vortrag des Berichterstatters behandelte die Ergebnisse vergleichender Untersuchungen über die δD-Werte von Luftfeuchte und Niederschlägen im Gebiet der DDR und in der Nähe der Schirmacher-Oase in der Antarktis.

K. Wetzel

Eingegangen am 16. 9. 1983

Third International Conference on Particle Induced X-Ray Emission (PIXE) and its Analytical Applications, 18. bis 22. Juli 1983, Heidelberg (BRD)

Die an jedem Konferenztag sehr dichte und langandauernde Folge von Einzelbeiträgen wurde gelegentlich durch Übersichtsvorträge namhafter und maßgeblicher Fachvertreter unterbrochen. Insgesamt entstand folgendes Bild:

Mit ausgesprochenen Grundfragen (Querschnitte, Relaxationsprozesse, Übergangswahrscheinlichkeiten usw.) befaßten sich ca. 12 Vorträge. Apparative Details behandelten etwa 25 Vortragende; thematisch waren darunter etwa ein halbes Dutzend Mikro- und Millistrahleinrichtungen und nahezu ebenso viele „open-air"-Meßanlagen. Auswerteprogramme, Eichprozeduren u. dgl. waren Hauptgegenstand von etwa 15 Berichten. Die übrigen Vorträge betrafen Anwendungen, die überwiegend aus dem medizinisch-biologischen Bereich sowie aus dem Umweltschutz kommen. Es zeichnet sich ab, daß medizinische Anwendungen weiter an Boden gewinnen.

Chemische Effekte spielen eine bestimmte Rolle: Gruppen in Oak Ridge, Houston und Marburg befassen sich damit. Man darf vermuten, daß bestimmte Meßfehler, z.B. bei Querschnittsmessungen unter Anwendung von Routine-Auswerteprogrammen, mit chemischen Effekten zusammenhängen. Dies trifft besonders auf die Anwendung schwerer Projektile zu. Was die dargebotenen Überlegungen zu den zeitlich zwischen Ionisation und Röntgenemission gelegenen Relaxationsvorgängen in gebundenen Systemen anlangt, so verharrt man im wesentlichen weiterhin bei den relativ simplen Einzentrenbetrachtungen bzw. einparametrigen Beschreibungen und nimmt zwecks Interpretation chemischer Effekte bei Röntgen-Satelliten-Spektren gekünstelte Konstruktionen (interatomare Übergänge!) in Kauf.

Während die beiden ersten PIXE-Konferenzen (1976 und 1980 in Lund, Schweden) im wesentlichen technischen bzw. meßtechnischen Fragen gewidmet waren, hatte diese dritte Konferenz relativ mehr Anwendungen zum Gegenstand. Prof. *Sven Johansson* formulierte in den Schlußbemerkungen: PIXE ist jetzt als Analysenmethode heimisch („mature") geworden. Am Rande tauchen neue konkurrierende Methoden, wie die Röntgenanregung mit Synchrotronstrahlung auf, die mit besonderen Möglichkeiten zur Untergrundreduzierung unter Nutzung des Polarisationsgrades gekoppelt ist. Etwas zuviel ist noch immer die Rede von der hohen PIXE-Elementempfindlichkeit; als würde nicht längst *vor* Einbringen der Meßproben ins Gerät die Praxis Grenzen durch Chemikalien- und Lösungsmittelverunreinigungen (Wasser!) ziehen. Es kommt viel mehr darauf an — etwa im rasch expandierenden Bereich der medizinisch-biologischen Anwendungen —, „gestörte Systeme" von „normalen Systemen" im Gebiet gar nicht so niedriger Konzentrationen zu unterscheiden.

Für die übliche PIXE-Methodik liegt das Hauptanwendungsfeld dort, wo viele Proben mit jeweils vielen Elementen gemessen werden müssen. Welche andere Analysenmethode kann im µg-Niveau praktisch das gesamte Periodensystem mit nahezu gleichbleibender Empfindlichkeit erfassen (K- *und* L-Anregung)? Die Notwendigkeit der Beschleuniger ist kein ernstes Handicap, denn es gibt in den Kernforschungszentren genug Beschleuniger, die mit Kernphysik bei niedrigen (MeV)-Energien sowieso nicht mehr gut auslastbar sind. Im übrigen ist die Anwendung kleiner Maschinen im Vormarsch, und besonders leichte Elemente, wie Ca, P, S und Cl (letzteres mit besonderer Betonung) werden, wie gerade eben in der Medizin, eine immer größere Rolle spielen. Je leichter die Elemente sind, bei um so niedrigeren Energien liegen aber die Querschnittsmaxima. Wie sonst analysiert man z.B. Gehalte an 10^{-7} g Cl? Eine präzisere Sprache ist nötig beim Umgang mit potentiellen Anwendern, um neue Applikationen zu erschließen. Beispielsweise „accuracy" und „precision" werden noch zu unsauber verwendet.

Der Aspekt der leichten Kombinierbarkeit von PIXE mit anderen Strahlmethoden wie RBS oder Vorwärtsstreuung (H-Bestimmung!) wird sich weiter ausformen.

Dem Conference Chairman Dr. *B. Martin* und seinem Stab muß eine ausgezeichnete Organisation bescheinigt werden, denn ca. 145 Vorträge nebst Diskussionen liefen in drei Parallelsitzungen praktisch störungsfrei ab, und die Manuskripte lagen bei Konferenzende in begutachteter und druckreifer Form vor für einen in Aussicht stehenden Sonderband der „Nuclear Instruments and Methods". — Und schließlich sind etliche der Randbedingungen für die Organisation vor dem Hintergrund der touristischen Hochsaison einer ohnehin nicht gerade verkehrsarmen Stadt zu sehen.

G. Brunner

Eingegangen am 23. 9. 1983

Isotopenpraxis 20 (1984) 3, S. 112–116

Buchbesprechungen

X-Ray Fluorescence (XRF and PIXE) in Medicine

R. Cesareo (Hrsg.) Rom: Field Educational Italia Acta Medica 1982. 239 S., zahlr. Abb. und Tab.; geb. L it. 18000

Im April 1982 fand in Rom eine Arbeitstagung zu dem Thema des Buches statt. Von den ca. 50 Teilnehmern waren etwa 10% Ausländer. Die Reihe der abgedruckten 15 Vorträge wird angeführt von einem längeren Beitrag des Veranstalters *R. Cesarea* (Rom) über die Röntgenfluoreszenzanalyse dünner biologischer Proben. Die Anwendung von Radionuklidquellen zur Anregung ist eingeschlossen, doch merkt man dem Text an, daß dem Vortragenden in dieser Beziehung die Praxis wohl nicht übermäßig geläufig ist, denn beispielsweise emittiert ^{55}Fe ganz bestimmt keine Strahlung von 6,4 keV, wie er behauptet.

L. Kaufman (San Francisco) bietet viel Methodisches, wovon manches im gegebenen Zusammenhang sehr weit hergeholt erscheint, wie z.B. die Reduzierung des *Compton*-Streuuntergrundes durch Ausnutzung der Streu-Polarisation.

Besonders interessant erscheint dem Rezensenten ein schwedischer Beitrag (*Ahlgren*, Lund) über in-vivo-Analysen schwerer Elemente in Knochen, und auch von italienischer Seite befaßt man sich mit der J-Bestimmung bei der Schilddrüsen-Diagnostik in vivo (*Pavoni, Magrini* u. a., Rom). Die Überwindung des Problems einer definierten Meßgeometrie scheint indessen kaum gelöst, was aber bei zeitlich-örtlich gegebener Situation, wie beim Scanning eines fixierten Patienten, die Methode nicht unbedingt zu Fall bringt. Auch der Bericht über den Einsatz von Stabilelement-Tracern (Rb für die Blutanalyse; *Cesareo*, Rom) für in-vivo-RFA ist sehr anregend, ist eine solche Methode für viele Anwendungsfälle auch in der Humanmedizin denkbar und für den Patienten weniger schädlich als die Radiotracer-Application.

Über PIXE wurde von *Gonsior* (Karlsruhe) ein anschaulicher und eindrucksvoller Beitrag beigesteuert, der auch die medizinisch-biologisch sehr interessanten Varianten der Mikrostrahl- und „open-air"-Messungen mit umschließt. Dagegen ist der PIXE-Vortrag von *Torrisi* und *Foti* (Catania) sicherlich weniger dazu angetan, solides Wissen und Erfahrungen zu vermitteln, denn er ist wenig systematisch und sehr fehlberbehaftet (z.B. sind 30 keV-Elektronen keineswegs ähnlich schnell wie 1 MeV-Protonen; die Daten der Abb. 4 und 6 widersprechen sich teilweise; die Achsenbeschriftung von Abb. 8 ist völlig konfus usw.).

Eine Riehe anderer Vorträge befaßt sich mit Details, von denen nur noch die fleißige und solide Untersuchung über Geometriefaktoren von *Gigante* (L'Aquila) erwähnt sei.

Das mittendrin von *S. Sciuti* moderierte Rundtischgespräch verblüfft in seiner Wiedergabe durch lakonische Kürze und dazu noch sehr allgemeine Aussagen. Ist es wirklich so spärlich verlaufen, und hat man nicht mehr und Detaillierteres zu sagen gehabt?

Ahnlich steht es mit den Abschlußbemerkungen *L. Kaufmans*: Diese eine Seite „lockerer" Text gipfelt und erschöpft sich auch beinahe in der Empfehlung eines zentralen (nationalen?) Entwicklungslabors für medizinische Röntgenemissions-Element-Analysen.

Der Band enthält sicher manche Anregung für den Mediziner oder den in der Medizin eingesetzten Naturwissenschaftler, aber vieles — außer der prächtigen äußeren Aufmachung — wirkt lieblos und flüchtig.

Mit den von der Zeitschrift „Nuclear Instruments and Methods" herausgegebenen Tagungsbänden der (bisher drei) Internaionalen Tagungen über PIXE und ihre Anwendungen ist demjenigen, der Quellenstudium für medizinische Anwendungen betreiben will, sicherlich auch nicht schlechter gedient als mit dem vorliegenden Buch.

G. Brunner

Programmieren mit ELAN

L. H. Klingen, J. Liedtke. Stuttgart: B. G. Teubner 1983. 207 S., div. Abb. u. Tab. (Teubner Micro-Computer Praxis); karton. DM 22,80

ELAN ist eine Programmiersprache, die erst 1974 aus didaktischen Gründen für eine erste Einführung in die Programmierung von Mikrorechnern an Schulen erarbeitet wurde. Sie besteht aus 130 Worten und 30 Sonderzeichen, gestattet aber trotz ihrer Einfachheit, auch sehr anspruchsvolle Vorhaben zu lösen. Die Anlage der Sprache unterstützt das systematische, hierarchische „Herunterbrechen" einer komplexen Aufgabe in einzelne überschaubare Teilschritte. Der (dann klar unterteilte) Algorithmus ist als Quellfile „fast" wie ein Text in einer natürlichen Sprache lesbar. Sprungbefehle älterer Sprachen (wie GO TO) sind nicht mehr formuliert, was der Übersichtlichkeit der Programme dient. Von einem der Autoren des Buches wurde auch ein ELAN-Compiler erarbeitet.

Das Buch selbst gliedert sich in drei Abschnitte (ganz kleine Algorithmen, größere Vorhaben, komplexe Aufgaben). Im ersten Abschnitt wird zunächst das Anliegen der Sprachschöpfer, nämlich das hierarchische Untersetzen von immer feiner beschriebenen Teilaufgaben (top-down-Verfahren) am Beispiel einer einfachen Addition von Zahlen erklärt. Das dazugehörige vollständige „Programmpaket" findet sich allerdings erst im Anhang B am Schluß des Buches, da zum Verständnis tiefer in die Sprache eingedrungen werden muß. Das zweite Beispiel (Prüfung der Spiegelsymmetrie der Buchstaben eines Wortes) führt auf das erste maschinell ausführbare Programm mit allen notwendigen Einzelheiten. Erst jetzt wird ein ELAN-Grundwortschatz eingeführt. Daraus ist ersichtlich, daß sich ELAN gleichermaßen gut für Daten- und für Textverarbeitung eignet. Der zweite Abschnitt ist dem Procedur-Konzept gewidmet. Proceduren dienen dabei weiterhin der Schaffung einer übersichtlichen Gliederung von komplexen Programmen und werden ihrerseits wiederum im top-down-Verfahren weiter verfeinert.

Der dritte Abschnitt führt schließlich in die Handhabung von Moduln und umfangreichen Dateien ein, wobei der Effizienz bezüglich der Verringerung des Speicherplatzes und der Rechenzeit besondere Aufmerksamkeit gewidmet wird.

Nach jedem Abschnitt werden z. T. sehr anspruchsvolle Übungsaufgaben (mit Lösungshinweisen) dargestellt, die sich jedoch im Rahmen des dargebotenen Stoffes bewegen.

Das Buch schließt mit einer Systematik der ELAN-Elemente. Diese Systematik kann nur dann verstanden werden, wenn das Buch systematisch durchgearbeitet wurde. Das Literaturverzeichnis (bis 1983!) umfaßt 14 Zitate von Lehrbüchern über modernes Programmieren sowie weiterführende Hinweise zu ELAN, hauptsächlich aus den 80er Jahren.

Die Darstellung des Stoffes führt systematisch (aber nicht immer leicht lesbar) zu den ersten „Höhen" der Entwicklung von komplexen Programmen mittels moderner Methoden, aber einer leider bis jetzt wenig verbreiteten Sprache. Insofern dürfte das Buch für Programmier-Anfänger und -Fortgeschrittene von Interesse sein — sofern ein direkter Zugriff zu einem ELAN „verstehenden" Rechner gewährleistet ist. Wenn das nicht der Fall ist, kann — da in dem Buch keinerlei Kompromisse gegenüber älteren (und damit meist umständlicheren) Programmiersprachen gemacht werden — der Leser des Buches dieses als eine Anregung zur effektiven und übersichtlichen Gestaltung von Programmen ansehen, wenn er gezwungen sein sollte, mit anderen Sprachen auszukommen. *R. Straubel*

Grundlagen des Strahlenschutzes

E. Sauter. 2. Auflage. München: K. Thiemig 1983, 652 S., 399 Abb., 122 Tab., 637 Lit. (Thiemig-Taschenbücher, Band 95/96) kart. DM 89,—

Die vorliegende 2. Auflage des etwas zu bescheidenen Titels — tatsächlich geht der gebotene Stoff über die Grundlagen hinaus — verdient das Attribut „neu bearbeitet und ergänzt". Ein Vergleich mit der 1971 erschienenen 1. Auflage zeigt, daß dies, wenn auch in unterschiedlichem Maße, mit einer Ausnahme für alle Kapitel gilt: Allgemeine physikalische Grundlagen, die jetzt auch die Strahlendosimetrie umfassen, Strahlenmeßgeräte, Abschirmung, Strahleneinwirkung auf Stoffe, Natürliche und Zivilisationsbedingte Strahlenexpositionen, Biologische Wirkungen ionisierender Strahlen, Inkorporation radioaktiver Stoffe, Aktivitätsabgabe, Rechtliche Grundlagen und Durchführung des Strahlenschutzes in der Praxis.

Die Aktualisierung erfolgte nicht nur durch Verwendung der SI-Einheiten in Ergänzung zu den bisher gebräuchlichen Einheiten (angesichts der Zählebigkeit der alten Einheiten ein begrüßenswerter Entschluß) und Berücksichtigung neuer Empfehlungen, z.B. der ICRP-Empfehlung 26, sondern vor allem durch Beachtung von Schwerpunkten, die sich im vergangenen Jahrzehnt herausgebildet haben. Dies wird besonders deutlich bei umweltbezogenen Fragen. So wurde das Kapitel Natürliche und zivilisationsbedingte Strahlenexpositionen in einem solchen Umfang erweitert, daß es nunmehr eine vollständige Übersicht gibt. Neu aufgenommen wurde die Messung von radioaktiven Edelgasen, Jod und Tritium. In dem Kapitel Durchführung des Strahlenschutzes in der Praxis wurde den Problemen der Abwasser- und Abfallbehandlung besondere Aufmerksamkeit gewidmet.

Die in den genannten und anderen Kapiteln sowie im Anhang vorgenommenen Ergänzungen spiegeln die Entwicklung auf den jeweiligen Gebieten wider. Nur das Kapitel Vorbeugende und therapeutische Maßnahmen (Strahlenschutzstoffe und Dekorporation) ist im Vergleich zur 1. Auflage praktisch unverändert.

Zur Verbesserung hat neben der Aktualisierung auch die feinere und an einigen Stellen systematischere Gliederung (über 100 Gliederungspunkte zusätzlich) beigetragen.

Man kann dem Autor zu der gelungenen Überarbeitung nur gratulieren und hoffen, daß das Buch im Interesse der Erreichung der Ziele des Strahlenschutzes eine weite Verbreitung findet. Es ist für den im Strahlenschutz Tätigen und für den am Strahlenschutz Interessierten eine äußerst wertvolle Informationsquelle. *H. Scheel*

The High-Power Iodine Laser

G. Brederlow, E. Fill, K. J. Witte, Berlin, Heidelberg, New York: Springer-Verlag 1983. IX, 182 S., 46 Abb., 26 Tab., 331 Lit. (Springer Series in Optical Sciences, Vol. 34) geb. DM 87,50; US $ 35.—

Das vorliegende Buch ist die erste Monographie über den Jodlaser seit seiner Entdeckung im Jahre 1964 und die dritte größere Zusammenfassung nach dem Artikel von *Hohla* und *Kompa* im Handbook of Chemical Lasers (1976) und dem SANDIA-Report, 1978.

Hauptanliegen des Buches ist die kritische Analyse des Standes der Technik dieses Photodissoziations-Impulslasers, der bei $\lambda = 1{,}315\ \mu m$ emittiert, mit Blick auf die Potenzen seiner Anwendbarkeit für die laserinduzierte Kernfusion. Daher werden mit der Spektroskopie des Jodatoms, den Anregungsmethoden und der chemischen Kinetik der Photodissoziation der als Arbeitsmedien verwendeten perfluorierten Alkyljodide zunächst die physikalischen Grundlagen behandelt. Es folgen kritische Diskussionen der angewendeten Techniken zur Riesenimpulserzeugung, der Gesetzmäßigkeiten der Skalierbarkeit der Energiespeicherung in den Verstärkern, der Charakteristik der Impulsfortpflanzung, der Verstärkungsverluste durch die Zersetzung des Arbeitsmediums und der Möglichkeiten ihrer teilweisen Kompensation. Nahezu die Hälfte des Buches beschäftigt sich mit den technischen Aspekten des Hochleistungs-Jodlasers.

So werden die erforderlichen Parameter für die Konstruktion und den Betrieb einer 5stufigen Oszillator-Verstärker-Kette zur Erzeugung von 500-J-Impulsen diskutiert und die Methoden für die Diagnostik behandelt. Als konkretes Beispiel wird von den Autoren, die sämtlich Mitarbeiter des Max-Planck-Institutes für Quantenoptik in Garching (BRD) sind, der dort entwickelte Prototyp ASTERIX III genauer beschrieben, der Pulslängen von 0,18—0,36 ns und Pulsleistungen von $1 \cdot 10^{12}$ W praktisch erreichte.

In einem abschließenden Kapitel werden die Möglichkeiten und Anforderungen für die Erzeugung von 100-kJ-Impulsen und notwendige Anstrengungen zur Erhöhung des mit 0,08% noch zu geringen energetischen Gesamtwirkungsgrades diskutiert. Die Monographie ist nicht nur lesenswert für Spezialisten, die sich mit Kernfusion und Hochleistungslasern beschäftigen, sondern sicher auch interessant für andere Wissenschaftler und Techniker, die auf dem Gebiet der Gaslaser-Physik tätig sind. *G. Müller*

Gamma-Spektroskopie von Atomkernen

R. B. Begshanov, W. M. Belenki, Taschkent: Verlag „Fan" 1980, 472 S., 89 Tab. (in Russisch); geb. M 16,—

Der Titel des vorliegenden Buches läßt zunächst eine Arbeit zu theoretischen oder experimentellen Fragen der γ-Spektroskopie von Atomkernen erwarten. Der Leser stellt jedoch zu seiner Überraschung recht bald fest, daß die Autoren, wohl im Bestreben, eine längere Überschrift zu vermeiden, zu diesem Titel nur Zuflucht genommen haben. Tatsächlich legen sie eine Sammlung experimentell ermittelter Daten über die Eigenschaften doppelt gerader deformierter Kerne im Massengebiet $150 \leq A \leq 196$ und $218 \leq A \leq 254$ vor.

In einem kurzen Vorwort äußern sie sich zunächst zur Problematik der Sammlung und Erfassung von Kerndaten. Es wird anschließend eine Einführung zu dem folgenden Tabellenteil gegeben. Diese Tabellen stellen den Hauptteil des Buches dar (338 S.). Für jeden der ausgewählten Kerne werden Niveauschema, Daten der elektromagnetischen Momente und Wahrscheinlichkeiten der elektromagnetischen Übergänge angegeben. Die aufgeführten Daten sind sämtlich der Literatur entnommen. Dabei wurden Publikationen aus den Jahren 1950 bis 1979 ausgewertet. Unter Berücksichtigung des Erscheinungsjahres (1980) ist dies sicher als aktuell zu werten.

Der sehr umfangreiche Literaturnachweis (113 Seiten, 2654 Zitierungen) besitzt auch aus einer Eigenheit der gewählten Datendarstellung heraus große Bedeutung. Die Autoren geben innerhalb des Tabellenteiles alle von verschiedenen Autoren gemessenen Werte kommentarlos, wie sie sagen als „rohe" Daten an. Dem Leser bleibt es überlassen, eine eigene Datenauswahl oder Dateneinschätzung vorzunehmen. Dabei wird in vielen Fällen ein Rückgriff auf die Originalveröffentlichung unumgänglich sein. Diese Praxis steht im völligen Gegensatz zu der für das Gebiet der Kernstruktur- und Zerfallsdaten eingeführten internationalen Dateneinschätzung und der Bereitstellung der eingeschätzten Daten in Form von periodischen Publikationen (Nuclear Data Sheets) oder auf rechnerlesbaren Datenträgern (Datei ENSDF). Nur auf diesem Wege der Bereitstellung eingeschätzter Datenwerte ist es möglich, die Informationsflut auf dem Gebiet der Kerndaten zu kanalisieren und zu reduzieren. Ein Problem, mit dem sich auch die Autoren in ihrem Vorwort auseinandersetzen. Die von ihnen gewählte Art der Datendarstellung hat jedoch zur Folge, daß die Fülle der Informationen nur weitergereicht wird.

Eine Veröffentlichung wie die vorliegende ist somit von Wert für das Vorbereiten oder Nachvollziehen einer Dateneinschätzung. Sie spricht dabei vor allem Spezialisten der Kernspektroskopie an.

B. Letz

The Handbook of Environmental Chemistry
Vol. 1, Part B: The natural environment and the biogeochemical cycles

O. Hutzinger (ed.). Berlin — Heidelberg — New York: Springer Verlag 1982. 317 S., 84 Abb., 60 Tab.; geb. DM 168,— ; US \$ 70.10

Dieser Teilband des Handbuches der Umweltchemie ist in 6 Abschnitte gegliedert: Grundvorstellungen der Ökologie (*S. W. F. van der Ploeg*, Niederlande, 45 S.), natürliche Radionuklide in der Umwelt (*R. Fukai*, IAEA, u. *Y. Yokoyama*, Frankreich, 14 S.), der Stickstoffkreislauf (*R. Söderlund* u. *T. Rosswell*, Schweden, 21 S.), der Kohlenstoffkreislauf (*A. J. B. Zehnder*, Schweiz, 28 S.), molekulare organische Geochemie (*P. A. Schenck* u. *J. W. de Leeuw*, Niederlande, 19 S.) und Strahlung und Energietransport in der Atmosphäre der Erde (*H.-J. Bolle*, Österreich, 173 S.).

Den Inhalt eines Handbuches aufzuzählen — auch eines Teilbandes — hieße alles aufzählen, denn es hat eine enzyklopädische Anlage und ein wissensvermittelndes Anliegen. Es ist deshalb einfacher, sich auf die Lücken zu beschränken, um die angestrebte Vollständigkeit bzw. die gewollte Absicht und Hervorhebung der Autoren besser zu erkennen.

Bei den Grundvorstellungen der Ökologie wäre neben der Aufzählung der einzelnen Ökosysteme und Teilsysteme jeweils ihr entsprechender globaler Anteil (ausgedrückt in Flächeneinheiten bzw. in Biomasseproduktionsraten) nützlich, um so auch eine Wichtung zu verdeutlichen. Bei den natürlichen Radionukliden wird nur die ^{32}Si-Halbwertszeit von rund 700 Jahren verwendet; hier hat ein Wandel nach wesentlich kürzeren Halbwertszeiten stattgefunden. Außerdem dürfte der Hinweis angebracht sein, daß es den Begriff der Umweltisotope und Umweltnuklide gibt, die immerhin bereits auch ein Handbuch füllen, das übrigens gar nicht im Literaturverzeichnis erwähnt wird. Die Abb. 2 auf S. 66 beim Stickstoffkreislauf kann zu Mißverständnissen Anlaß geben, denn danach hat es den Anschein, als würde der anorganische Stickstoffmetabolismus bei *Nitrosomonas* getrennt nach den Stickstoffisotopen ablaufen, um zum N_2O zu führen. Bei dem Abschnitt molekulare organische Geochemie werden nur die Triterpene (Steroide) mit der notwendigen Ausführlichkeit behandelt — zu kurz kommen beispielsweise die Kohlenwasserstoffe und Porphyrine. Keiner Ergänzung bedarf der letzte bzw. umfangreichste Abschnitt, die Strahlung und die Energietransportvorgänge in der Atmosphäre; er bildet eine treffliche Zusammenstellung eines nicht einfach zu beschreibenden Systems.

In diesem Teilband werden 844 Literaturstellen aufgeführt. Er ist 1982 erschienen und doch stammen schon 6% (entspr. 51 Zitate) aus den Jahren 1981—1982. Allein 47,3% aller Zitate entfallen auf die Jahre 1975—1982. Dabei kommen historisch bedeutsame Literaturstellen keineswegs zu kurz — man findet *J. Liebig* (1840) und *Ch. Darwin* (1859) genauso wie *A. I. Oparin* (1924) und Lord *Rayleigh* (1871).

Auch dieser Teilband des hochaktuellen Themas der Umweltchemie reiht sich in bisher so überzeugend dargestellte Aspekte und Gebiete ein. Es ist dem Verlag, den Autoren und nicht zuletzt dem Herausgeber Dank zu sagen für ein so schwieriges Unterfangen, für das es keinerlei Vorbilder und Musterbeispiele gibt und was doch zusammenfassend einmal dargestellt sein sollte. Mit diesem Handbuch der Umweltchemie dürfte ein Standardwerk vorliegen, das noch über Jahre hinaus seine Aktualität behalten und eine verläßliche Quelle für viele Fragestellungen darstellen wird.

H. Hübner

In memoriam Werner Heisenberg
aus Anlaß seines 80. Geburtstages

Hrsg.: Präsidium der Dt. Akad. der Naturforscher Leopoldina. Leipzig; Johann Ambrosius Barth 1982; 136 S., 4 Abb., zahlr. Tab. u. Lit. (Nova Acta Leopoldina N. F. Bd. 55, Nr. 248) brosch. M 43,—

Werner Heisenberg, Mitglied der Leopoldina seit 1933, später Ehrenmitglied, wäre am 5. Dezember 1981 achtzig Jahre alt geworden. Das Gedenkheft für den am 1. Februar

1976 Verstorbenen beginnt mit einem Geleitwort von *H. Bethge*. Er beleuchtet den zeitgeschichtlichen Hintergrund der Heisenberg-Ära und skizziert das „politische Leben eines Unpolitischen" (*Elisabeth Heisenberg*), eines oft und vor allem in den USA unverstandenen und auch mißverstandenen deutschen Physikers, den die Umstände nicht davon abhielten, getreu seiner bürgerlich-optimistischen Grundhaltung und angesichts der Emigrationswelle europäischer und besonders deutscher Intellektueller nach Amerika, sich 1939 sozusagen in die Gegenrichtung zu bewegen und aus den USA nach Deutschland zurückzukehren. Auch das bekannte Gespräch *Heisenbergs* mit *N. Bohr*, das 1941 in Kopenhagen sozusagen im Vorfeld des *Einstein*-Briefes zur Entwicklung einer A-Bombe stattfand, spielt da eine Rolle. Ob es wohl sehr klug war, auf ein Geleitwort mit solchem Themenkreis die 1933 verfaßte kurze Selbstbiographie folgen zu lassen, in der *Heisenberg* ausgerechnet seine Zeit als „Hilfsdienstmann" und eben 18jähriger Freiwilliger im Kampf gegen die Münchner Räte-Republik als ungeheuer bedeutsam für seine menschliche Entwicklung bezeichnet?

Im nächsten Abschnitt „Die Physik der Zwanzigjährigen" beschreibt *F. Hund* die Münchner, Göttinger und Kopenhagener große Zeit mit *Sommerfeld*, *Born* und *Bohr* als den dominierenden Persönlichkeiten und *Pauli*, *Heisenberg*, *Dirac*, *Slater*, *Jordan* und *Wigner* als der drängenden jungen Garde bei der Entstehung der Physik des Atombaus. Dabei fehlen auch amüsante Anekdoten nicht, wie etwa die Bemerkungen über das bei *W. Wien* fast verpatzte Ex-Physik-Doktorexamen *Heisenbergs* im Jahre 1923.

Es folgt ein Beitrag des langjährigen Heisenberg-Schülers und -Mitarbeiters *H.-P. Dürr* über „Heisenberg als Mensch und Forscher". Dieser Autor kennzeichnet u. a. markante Denkrichtungen *Heisenbergs*, die auf frühen Erfahrungen mit Turbulenzeigenschaften von Flüssigkeiten beruhen: daß nämlich stark nichtlineare Systeme auch bei beliebig kleinen Störungen zu ganz unerwarteten und durch einfache Näherungsmethoden nur schwer erfaßbaren Lösungsformen führen.

C. F. von Weizsäcker steuert einen sehr persönlichen Erinnerungsartikel bei über die Zusammenarbeit während vieler Jahrzehnte mit dem von diesem Autor gewohnten physikalisch-philosophischen Tiefgang, dessen Grundgedanken um die Einsicht ranken daß die Quantentheorie sich als viel dauerhafter und umfassender erwiesen hat, als das ihren Schöpfern zunächst möglich und wahrscheinlich erschien, und daß die 1958 aufgestellte berühmte *Heisenberg*sche Gleichung als Mittel zur Herleitung von Existenz und Eigenschaften aller Elementarteilchen eigentlich bis heute nicht voll ausgelotet werden konnte.

Die beiden abschließenden Fachaufsätze von *F. Bopp* über „Endliche Massen bei lokaler 2-Fermionenwechselwirkung" und nochmals von *H.-P. Dürr* über „Heisenbergs einheitliche Feldtheorie" kennzeichnen ein weiteres Mal das Gebiet, das *Heisenberg* in seinen letzten Jahren bearbeitete. Dabei wendet *Bopp* das eigentümliche „Ω-Kalkül" an, also die Rechnung mit asymptotischen Formen von Folgen im Sinne eines „werdenden Unendlich". Er charakterisiert damit infinitesimale Kopplungskonstanten, um auf diese Weise den üblichen Divergenzen in Fermionentheorien zu entkommen. *H.-P. Dürrs* Artikel ist überaus beeindruckend, weil in ihm mit einer sehr klaren und für jeden Physiker verständlichen Sprache, bei zurückhaltendem Umgang mit Formalismen, für die Physik der letzten Jahrzehnte und der Gegenwart sozusagen letzte Einsichten mitgeteilt werden, und zwar auf eine solche Weise, daß man nicht nur die für sich genommen schon schwierigen Teilaspekte der zu vereinheitlichenden Wechselwirkungsmoden im Prinzip zu erfassen vermag, sondern versteht, daß und warum *Heisenbergs* Ansätze tiefer greifen als die üblichen und mehr nur additiven „Unifications" der Teiltheorien.

Das Bändchen stellt ohne allen Zweifel einen sehr gelungenen Beitrag zur Ehrung eines der größten Physiker unseres Jahrhunderts dar. Seine Lektüre ist für jeden, der es liebt, von kompetenten Autoren an die Grenzlinie von Physik und Philosophie geführt zu werden, ein hoher Genuß.

G. Brunner

Research and Development in Information Retrieval Proceedings, Berlin-West, 18.–20. Mai 1982

Hrsg.: G. Salton und H.-J. Schneider, Berlin – Heidel, berg – New York: Springer-Verlag 1983. IX. 311 S., div. Abb., u. Tab. (Lecture Notes in Computer Science, Nr. 146) kart. DM 34,–; US \$ 14.10

Die „Special Interest Group on Information Retrieval" der „Association for Computing Machinery" in den USA (SIGIR/ACM) organisiert jedes Jahr eine Tagung über Forschung und Entwicklungsprobleme der maschinellen Informationsverarbeitung. Die vorliegende Sammlung enthält die Vorträge der 5. Konferenz des SIGIR, welche vom 18. bis 20. Mai 1982 in der Technischen Universität Berlin-West stattfand. Die Konferenz wurde gemeinsam organisiert von der ACM, der Gesellschaft für Informatik (GI) der BRD, und der British Computer Society (BCS). Das Ziel der Konferenz lag in der Vorstellung der neuen Ergebnisse der Forschung auf dem Gebiet der automatischen Information und Dokumentation sowie in der Darstellung neuer Anwendungsbeispiele. Die einzelnen Vorträge beschäftigten sich mit den Fragen der Methodologie, der Theorie und der Anwendung auf folgenden Gebieten: Systemmodellierung, Problemanalyse, Nutzung der natürlichen Sprache bei den Informationsprozessen, automatische Indexierung, Recherchesprachen, Probleme der Komplexität, Fileorganisation, Datenmodelle, Integration der AIS mit der DBS sowie mit den neuen Technologien. Insgesamt wurden 39 Vorträge gehalten. Zum Programmkomitee der Konferenz gehörten solche international anerkannten Wissenschaftler wie *W. S. Cooper* von der School of Library and Information Studies der University of California, *G. Salton* von der Cornell Universität, *C. J. van Rijsbergen* von der Universität Dublin u. a.

Über die Anzeichen einer Krise bei den traditionellen Informationssystemen und mögliche Entwicklungen auf diesem Gebiet berichtete *N. Henrichs* (BRD) im Eröffnungsvortrag. In seinen Schlußfolgerungen stellte er fest, daß in der Zukunft die faktographischen Informationssysteme und „Problem-Lösung-Systeme" eine Priorität auf Kosten der bisher vorhandenen dokumentalistischen Informationssysteme erhalten werden. Als eine wesentliche Entwicklungsrichtung der nahen Zukunft charakterisiert *Henrichs* die unmittelbare Nutzung von Mini- und Mikrocomputern zur Befriedigung des individuellen Informationsbedarfs des Wissenschaftlers. Um den hohen Aufwand bei der primären Literaturerfassung (Indexierung, Input u. ä.) zu umgehen, müssen die dokumentalistischen Informationssysteme neue Verfahren entwickeln oder zu einfachen, aber schnellen Dienstleistungen finden. Bei allen Vortragenden wurde die enorme Bedeutung der

Rationalisierung der Prozesse der Literaturversorgung unterstrichen. Als entscheidende Voraussetzung für die Beherrschung der Informationsprozesse der 90er Jahre sehen die Teilnehmer der Konferenz die intensive Entwicklung und Anwendung von Verfahren, die unter dem zusammenfassenden Begriff „Künstliche Intelligenz" bekannt sind. Diesen Aspekten der Informationsverarbeitung sind auch die meisten Beiträge der Konferenz gewidmet. Als Beispiele können genannt werden: *M. E. Maron* (USA): „Wahrscheinlichkeitslösungen bei biliographischer Informationssuche", *S. E. Robertson, M. E. Maron* und *W. S. Cooper*: „Ein einheitliches Warhscheinlichkeitsmodell der Informationsrecherche", *G. Knorz* (BRD): „Optimale automatische Indexierung – Anwendung der Methoden der Entscheidungsfindung", *B. Drewes* (USA): „Informationssuche in Abstracts mit Hilfe der Analogie" u. a. Mit Problemen der „maschinellen Intelligenz" und Systemen der maschinellen Unterstützung heuristischer Lösungen beschäftigt sich in einem Übersichtsartikel *Linda C. Smith* von der University of Illinois. Ein Vortrag war den Fragen der Spracherkennung und akustischen Sprachanalyse gewidmet.

Die Materialien der Konferenz enthalten insgesamt einen sehr guten Überblick über die neuesten Erkenntnisse auf dem Gebiet der modernen EDV-gestützten Informationssysteme und können für die Einschätzung perspektivischer Entwicklungsrichtungen der Informatik verwendet werden.

L. Jankowski

Agrochemical: Fate in Food and the Environment Proc. of a Symposium, Rome, 7.–11. 6. 1982

Vienna: IAEA 1982. 363 S., div. Abb. u. Tab. (STI/PUB/623) karton. OeS 600.–

Dieses gemeinsam von der IAEA und FAO organisierte Symposium sollte bevorzugt den Teilnehmern aus den Entwicklungsländern (55 Delegierte aus 30 Ländern) Informationen über die Vorzüge und Möglichkeiten isotopentechnischer Verfahren bei Forschungsarbeiten über agrochemische Problemstellungen vermitteln. Solche kostengünstigen Analysenverfahren stellen eine der Voraussetzungen bei der notwendigen Intensivierung der weltweit durchzuführenden Forschungsarbeiten zur Steigerung der Nahrungsgüterproduktion dar. Die Abstracts der 33 Kurzvorträge und Poster sowie die Texte der 14 invited papers sind in diesem Sammelband enthalten. Die Vorträge wurden in 7 wie folgt angeordneten Sitzungen gehalten:

I Pesticides: Benefits and Costs
II Pesticides in the Agricultural Environment
III Pesticides in Aquatic Ecosystems
IV Pesticides in Soil
V Pesticide Metabolism in Plants
VI Pestidices in Food
VII Fertilizers and Pesticides

In einem abschließenden Rundtischgespräch wurden Schwerpunkte für Forschungsarbeiten agrochemischer Problemstellungen herausgearbeitet, die in Entwicklungsländern dringend notwendig sind und unter Verwendung radiochemischer sowie ^{15}N-technischer Verfahren optimal durchführbar sind; im *summary report* werden diese Schwerpunkte in der Reihenfolge ihrer Dringlichkeit wie folgt angegeben:

- Literaturstudien zu Publikationen über Organochlor-Insektizide, aber auch andere Wirkstoffe im Hinblick auf ihren Abbau und das Verhalten in gemäßigten und tropischen/subtropischen Klimazonen.
- Zwischen der IAEA und ihren Mitgliedstaaten sollten Experimente in tropischen Klimazonen vereinbart werden, um die Halbwertszeiten von DDT, technischem HCH (BHC) sowie Lindan zu bestimmen; dabei sollten der Abbau im Boden, auf und in Pflanzen sowie in aquatischen Ökosystemen untersucht werden, um anhand der Daten Unterschiede zwischen gemäßigten und tropischen Klimabedingungen mit ausreichender Sicherheit ermitteln zu können.
- Die Wirksamkeit mikrobieller Abbauvorgänge im Boden sollte speziell untersucht werden.
- Die Verdampfung unveränderter Pestizide von unterschiedlichen Oberflächen sollte bei allen Experimenten berücksichtigt werden.

Für den Bereich der industriellen Entwicklung von Wirkstoffen wurde betont, daß die Entwicklung von Wirkstoffen für spezielle Klimazonen und die dort angebauten Kulturen sowie die Bereitstellung ausreichender Mengen von Pestiziden zu erschwinglichen Preisen für Entwicklungsländer im Vordergrund des Interesses stehen; aus diesem Grunde wird auch die Anwendung von DDT in tropischen Ländern von niedrigem Entwicklungsniveau weiterhin durchgeführt werden.

Dem sachkundigen Leser bietet die Lektüre dieses Symposiumsbandes sowohl Einblicke in die zur Zeit noch offenen Probleme bei der Anwendung von Agrochemikalien, insbesondere Pestiziden (z.B. in die zum großen Teil noch unbekannten Adsorptions- und Abbauvorgänge in speziellen Böden), als auch die Möglichkeit, bei zukünftigen Forschungsarbeiten die im *summary report* aufgeführten Schwerpunkte in geeigneter Weise mit einzubeziehen.

W. Dedek

ISOTOPENPRAXIS

Volume 20 1984 Number 3

Contents

Inhalt

Isotopenpraxis is indexed in Current Contents/PC & ES, Science Citation Index, and INIS Atomindex